NF文庫
ノンフィクション

戦場に現われなかった戦闘機

計画・試作機で終わった戦闘機

大内建二

潮書房光人新社

まえがき

第二次世界大戦中に参戦各国が実際の戦闘に投入した戦闘機の機種は、およそ六〇機種に達した。そしてその総数はじつに二八万機を超えるものとなった。この中でアメリカのノースアメリカンP51やイギリスの「スピットファイア」、そして日本の零式艦上戦闘機など、各国を代表する戦闘機が出現し活躍した。

各国の空軍は相手国よりも少しでも高性能な戦闘機を誕生させ、有利な航空戦を展開させようと次々と高性能戦闘機の開発に邁進した。そこで見られた苦悩は、開発されている限られたエンジンを使い、いかに空気力学的に優れた形状と構造の機体を完成させ、高性能を発揮させるか——飽くなき挑戦であった。

しかし機体のデザインに関わる理想と現実のギャップ、搭載するエンジンの開発の至難さ、完成した機体の理想からの乖離、すべてが機体開発者への責任に帰されてしまうのである。

第二次大戦中に各国が進めた、「少しでも速く、少しでも遠くへ、少しでも軽快な、少しでも強力な」戦闘機の開発の過程と結果を眺めるのはじつに興味を注がれる。

アメリカは戦争の最終段階の時期に三〇〇〇馬力級のエンジンを実用化した。さらに高空飛行に欠かせない排気タービンを完全に実用化した。ただ日本だけは空軍強国でありながら、強力エンジンや高空飛行用の排気タービンの開発に悪戦苦闘し、実用化に大きな遅れをとった。

一方ドイツは戦争中頃にはレシプロエンジン付き軍用機の開発のかたわら、近い将来の軍用機用エンジンとしてのジェットエンジンの開発に力点を置き、このエンジンを搭載する数多くのジェットエンジン推進戦闘機や爆撃機の開発に集中し、アメリカ、イギリス、日本などとはいささか距離を置いた戦闘機の開発を進めていたのである。

戦争最中での次期戦闘機の開発には、「完全な性能を持つ機体の可能な限り早い完成」が期待されるのだ。果たして参戦各国はどのような戦闘機の開発を進めていたのであろうか。

「戦場に現われなかった戦闘機」を眺めると、そこには各国の戦闘機開発に関わる理想、思想が現われて、興味深いものがある。

本書では一二ヵ国、六七種類の「戦場に現われなかった戦闘機」を紹介してあるが、その中には「もし実戦に投入されていたら興味深い結果が」と推測される機体が多く存在する。

前作の「戦場に現われなかった爆撃機」の姉妹編として楽しんでいただきたい。

戦場に現われなかった戦闘機——目次

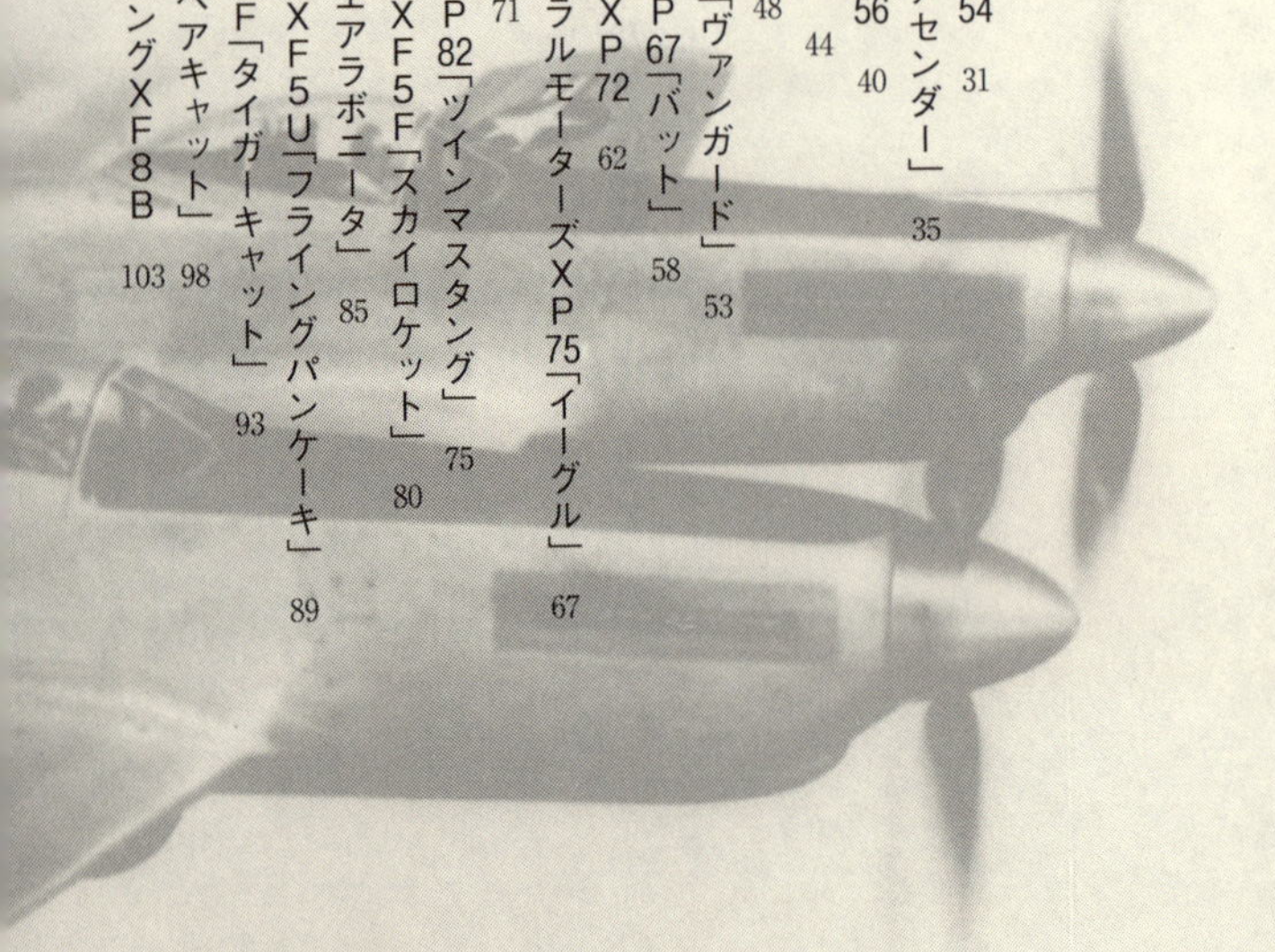

PQ-258

第五章　フランス・イタリア・ソビエト他

1121

278847

238353

(上)ヴァルティーP66「ヴァンガード」
(中)マクダネルXP67「バット」　(下)リパブリックXP72

334916

U.S.NAVY

2

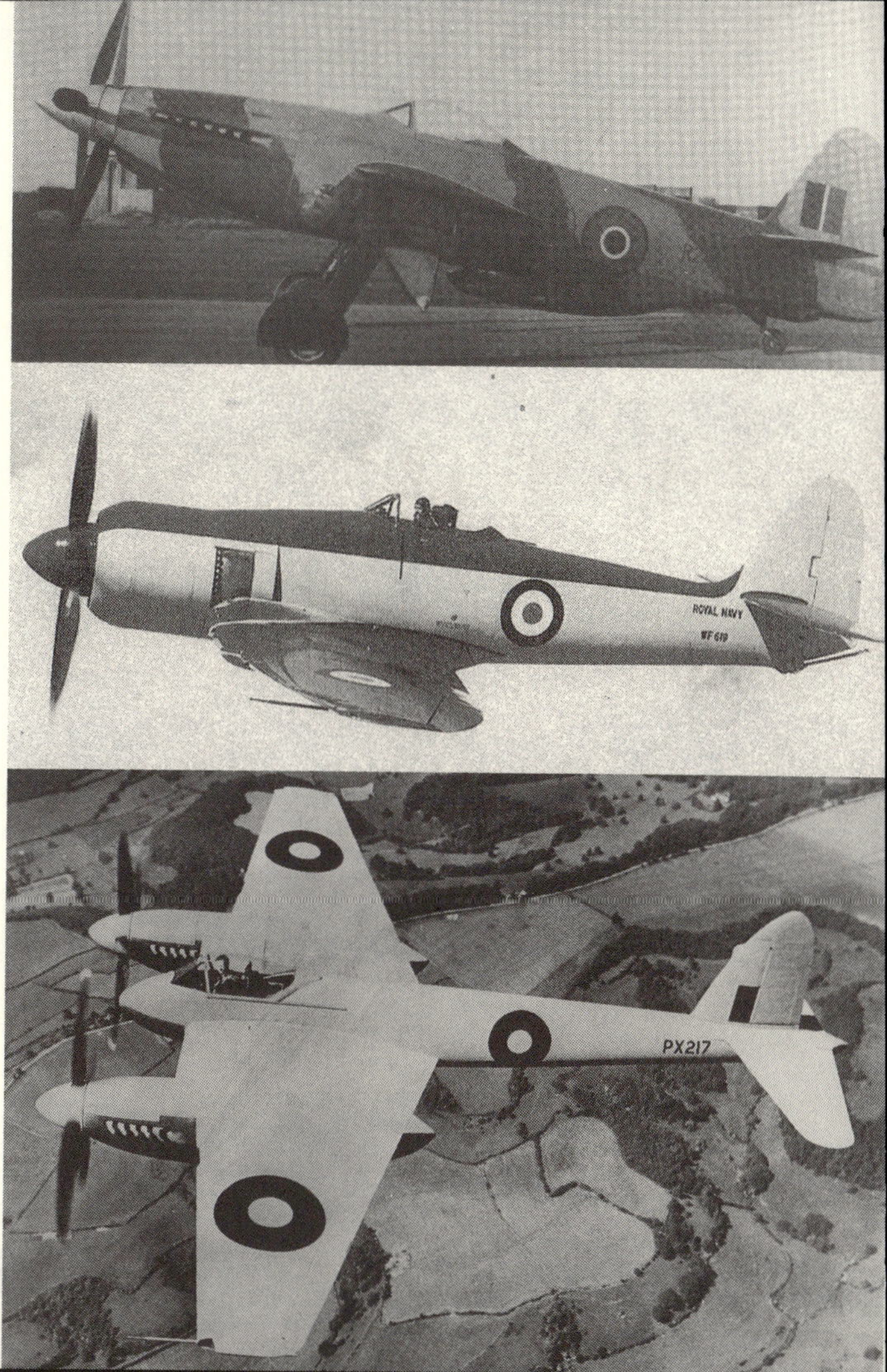

(上)マーチン・ベーカーMB5　(中)ホーカー「シーフュアリー」
(下)デ・ハビランド「ホーネット」

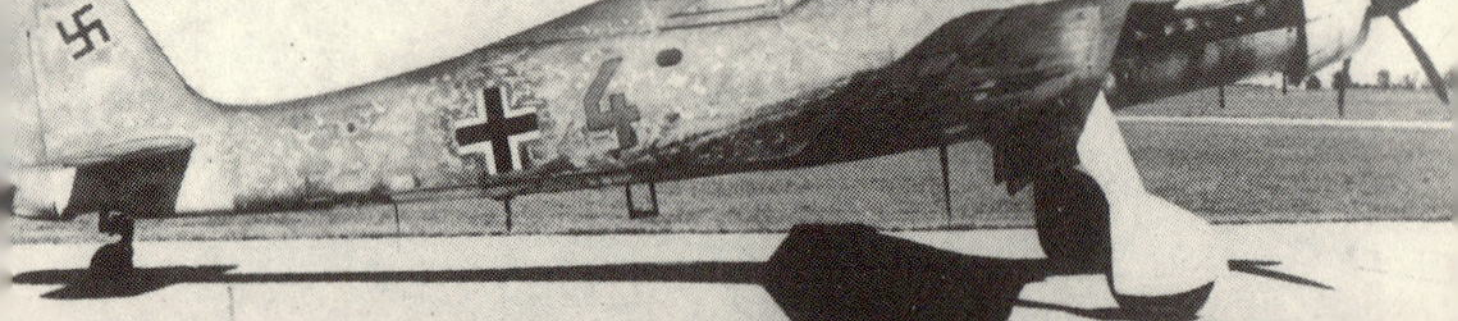

(上)タンクTa154　(中)メッサーシュミットMe209V4
(下)ドルニエDo335「プファイル」

3

(上)立川キ94　(中)川崎J6K「陣風」
(下)愛知S1A「電光」

戦場に現われなかった戦闘機

——計画・試作機で終わった戦闘機

第一章　アメリカ

第二次世界大戦中のアメリカ陸軍の戦闘機は、機種の区分として「P」記号が使われた。これは当初のアメリカ陸軍航空隊には「戦闘機（Fighter）」という用語はなく、戦闘機に相当する機種は「Pursuiter」、つまり「追撃機」と表現され、戦闘機に相当する機体はその頭文字をとり「P」と区分されていたためであった。

しかし戦後の一九四七年に「陸軍航空隊（USAAF）」が「アメリカ空軍（USAF）」という戦闘集団に分離独立した際に、それまでの追撃機「P」記号は破棄され、新たに「戦闘機（Fighter）」が採用され、戦闘機の記号は「F」と分類されたのである。なお海軍は当初から戦闘機相当の機体は「F」記号で分類されていた。

ちなみに「P」記号で呼称された最後の戦闘機は、ロッキード社が超音速ジェット戦闘機として開発を進めていたXP90戦闘機である。

アメリカは第二次大戦中に多くの陸海軍戦闘機を計画、あるいは試作し、その中の幾種類かの機体は制式化され量産を開始したものもあったが、これらの機体の中からここでは試作に終わった機体と、制式採用され量産が開始されながら戦争に間に合わなかった機体について紹介したい。

①試作戦闘機　ヴァルティーXP54

一九三八年頃の世界の多くの戦闘機設計者は一つの課題に突き当たっていた。この当時の最大出力のエンジンといえば一〇〇〇馬力程度で、通常の形状の機体を設計する限り、例えば最高時速においては、ある程度以上の性能の戦闘機を開発するには限界がある、という考えが支配的となり、様々な特殊な形状の機体の開発が進められていた。

アメリカの陸軍戦闘機の設計者が出したその答えの典型的な例が、ここで紹介する連続して開発された三種類の戦闘機であったのだ。

アメリカ陸軍航空本部は、一九四〇年にレシプロエンジン付き戦闘機の限界を打ち破るべく、最新の設計による単発迎撃戦闘機の開発をヴァルティー社、カーチス社、ノースロップ社の三社に命じたのであった。開発する迎撃機の使用目的は、対爆撃機迎撃用の戦闘機であった。

ヴァルティー社は双胴式戦闘機の開発に邁進したのである。すでにこの頃、双胴式戦闘機としてロッキード社がP38戦闘機の開発を進め、実用戦闘機として量産を開始する準備に入っていた。しかしヴァルティー社が進めた双胴式戦闘機はP38とは大きく構想が異なっていた。

ヴァルティー社はこの戦闘機を双胴式ではあるが、エンジンは中央胴体の尾端に搭載した推進式機体としたのである。この方式を採用すれば爆撃機迎撃のために中央胴体の前端に強力な武装を施すことが可能であり、プロペラを推進式にすることが速力の向上に大きく寄与すると判断したのであった。

後部エンジン機であるために降着装置は三車輪式となったが、推進式エンジン機体の問題点は機体に異常が生じた際の搭乗員の脱出方法であった。本機では世界で最初の射出座席が搭載されることになった。その方法は火薬の力で座席ごとパイロットを胴体下面から射出する方法である。

機体の設計開始当初とは異なり、機体の試作が始まった頃には二〇〇〇馬力級エンジンの試作が始まっており、本機にはライカミング社製の最大出力二三〇〇馬力の試作エンジン（ライカミングXH２４７０）が搭載されることになった。しかしエンジンの完成は大幅に遅れ、当該エンジン装備の試作機が完成したのは一九四三年一月にずれ込んでいた。直ちに試験飛行が開始されたが、第一回試験飛行時からエンジンの不調が続き、その後もこの試作強馬力エンジンがまともに稼働することはなかった。そして一時的なエンジンの回復時に行なわれた速度試験で出した本機の最高速力は、期待を大幅に下回る時速六四九キロであった。

33　①試作戦闘機　ヴァルティー XP54

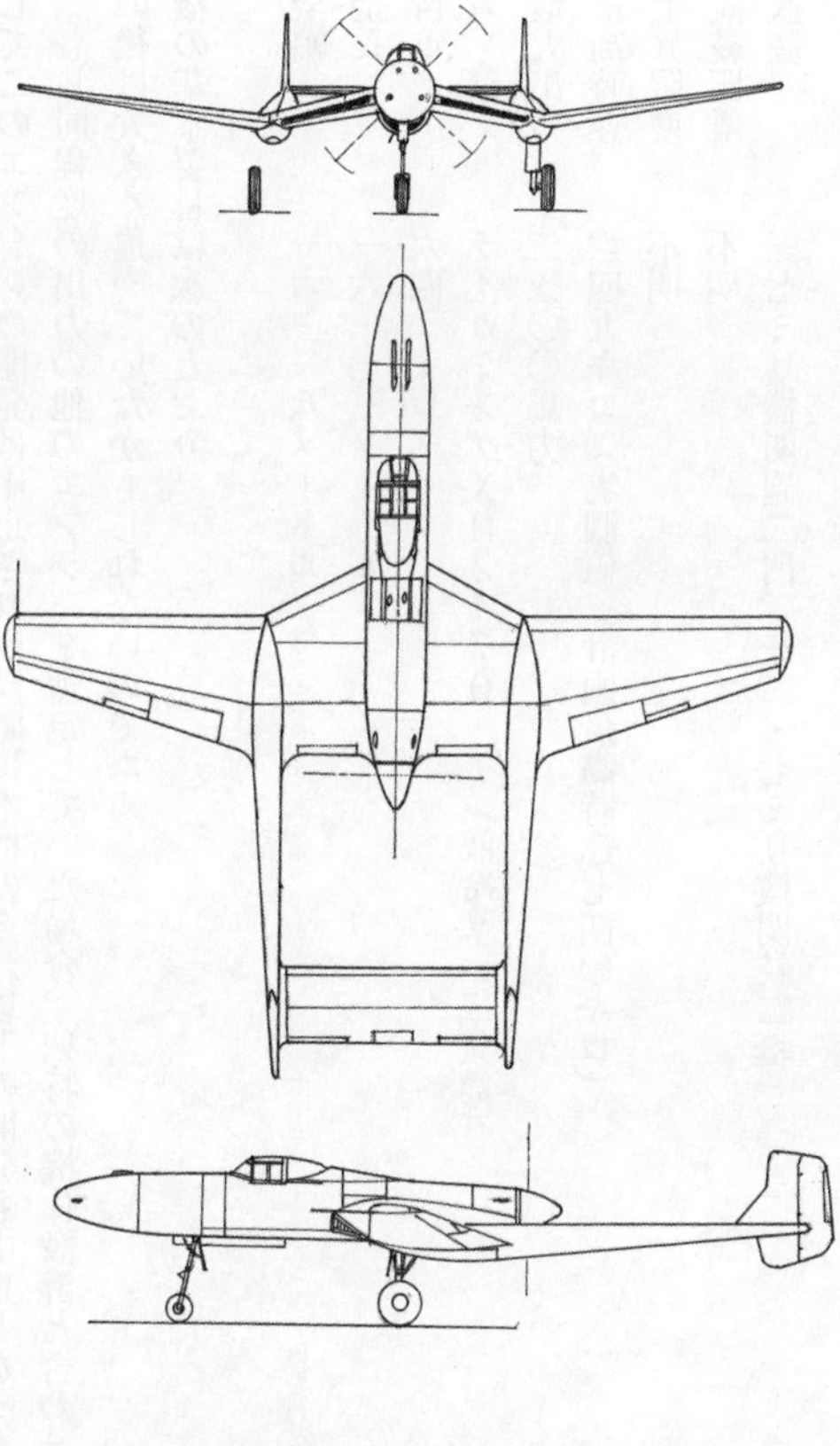

試作戦闘機　ヴァルティーXP54

その後もエンジンの不調は続いた。三〇〇〜四〇〇馬力級の小型エンジン製造専門のライカミング社が、一気に二〇〇〇馬力級のエンジンに挑戦することには無理があったのだ。

そしてこのエンジンの開発は中止され、同時に本機のそれ以上の開発も中止となったのである。もし同程度の出力の他のエンジンを選定していた場合、独特の機体設計と合わせ本機のその後は大きく違っていたかもしれないのである。

本機の基本要目は次のとおり。

全幅	一六・一八メートル
全長	一六・七三メートル
自重	六四一キロ
エンジン	ライカミングXH2470-1（液冷V一二気筒）
最大出力	二三〇〇馬力
最高時速	六四九キロ（実測値：計画最高時速七四〇キロ）
上昇限度	不明
航続距離	不明
武装	三七ミリ機関砲二門、一二・七ミリ機関銃二梃

②試作戦闘機　カーチスXP55「アセンダー」

アメリカ陸軍航空本部はレシプロエンジン付き戦闘機の限界を打破すべく、一九四〇年に新しい発想による戦闘機の開発をヴァルティー社、カーチス社、ノースロップ社に命じた。この課題に対しヴァルティー社は前記のXP54戦闘機を開発した。そしてカーチス社はこの提案に対し、アメリカ機としては前例のない先尾翼型戦闘機の開発を進めることになった。

これに対し陸軍航空本部は一九四〇年六月にカーチス社に対し、先尾翼機の模型を製作し風洞実験を行なうことを命じた。先尾翼機とは通常の航空機の形状とは違い、胴体の先端に水平尾翼に相当する翼を、胴体後部に主翼を配置し、その両先端に垂直尾翼を配置する形状の機体で、エンジンは胴体の後端に配置し、プロペラは推進力を発生する役割を担う形状の機体である。

風洞実験の結果は必ずしも満足する結果ではなかったが、カーチス社は実際の構想にある機体の二分の一スケールの小型エンジン付きの機体（CW24B機）を試作し、実際に飛ばして必要なデータを得ることにしたのだ。

飛行実験の結果、方向安定性に不安は残るものとはなったが、垂直尾翼の改良などにより飛行安定性は改善され、実機の設計上で必要なデータを収集することができ、カーチス社は直ちに実機の設計を開始したのだ。これに対し陸軍航空本部も一九四二年七月に本機にXP55の呼称を与え、正式に試作を命じたのである。

カーチス社は本機に開発中であった最大出力二二〇〇馬力の、プラット&ホイットニ空冷X1800を搭載する予定であった。しかしその最中にこのエンジンの開発中止が決まったのだ。機体の設計とは、当該機体の予定性能に合致したエンジンを選択することに始まる。しかし本機は予定エンジンの搭載を断念せざるを得ず、計画性能が大幅に低下することを覚悟で、液冷のアリソンV1710（最大出力一二七五馬力）を搭載せざるを得なくなったのであった。

試作一号機は一九四三年七月に完成し、直ちに試験飛行が開始された。しかしその結果は設計者を落胆させるものとなってしまった。モデル機体のときから指摘されていた縦・横の飛行安定性の悪さが第一の課題であった。このための対策として機体に様々な改良が施され、あるいは装置が付加され、改善に努めた。しかし飛行安定性が改善されることはなく、その間の一九四三年十一月に試作一号機は飛行中にバランスを失い墜落してしまったのである。

機体各部に改設計を施した試作二号機と三号機が一九四四年に入り造られ、試験飛行が再開された。しかし相変わらず飛行安定性の悪さは改善されることはなかった。速力は低馬力

37　②試作戦闘機　カーチス XP55「アセンダー」

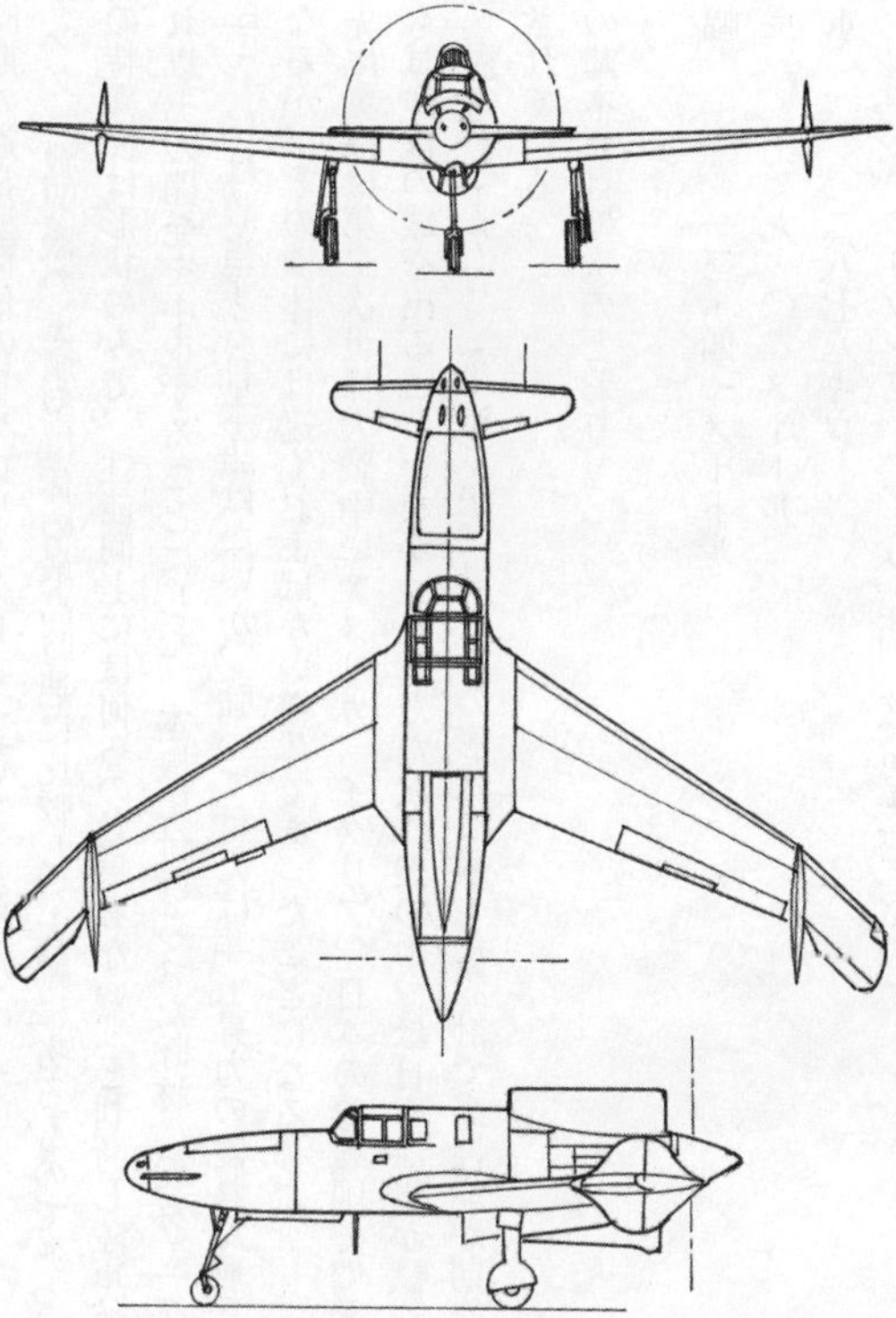

試作戦闘機　カーチスXP55「アセンダー」

のエンジンを搭載していたために、最高時速は六二八キロを記録するにとどまった。この値は同じ時期の通常型機体のリパブリックP47「サンダーボルト」や、ノースアメリカンP51「マスタング」戦闘機の量産型機体の最高時速に比較し、大幅に劣るものであったのである。

本機の特異性は形状のみで、性能向上には何らの効果もない、と判断し陸軍航空本部は本機のこれ以上の開発を中止することにした。本機に付けられた呼称（愛称）「アセンダー」（Ascender）には該当する日本語はないが、強いて言えば「上昇力の優れた航空機」ということになるが、その機体には遠くおよばない機体であったことになるのだ。

なお先尾翼機は第二次世界大戦中にアメリカ、イタリア、日本の参戦国で開発されたが、いずれも試作機の域を出ることがなかった。ただ試作機の中では日本海軍が試作した十八試戦闘機「震電」（J7W）（後述）が、最もこの形状に適った設計で高性能が期待された機体と評価されている。

本機の基本要目は次のとおり。

全幅　一三・四一メートル
全長　九・〇二メートル
自重　二八七八キロ
エンジン　アリソンV1710-95（液冷Y一二気筒）
最大出力　一二七五馬力

最高時速　六二八キロ
上昇限度　一万五四六メートル
航続距離　不明
武装　一二・七ミリ機関銃六梃

③試作戦闘機 ノースロップXP56

ノースロップ社は新進気鋭の航空機製造会社で、かねてより社長が中心となり無尾翼機(全翼機)の研究に注力していた。同社は陸軍航空本部が一九四一年に提示した長距離大型戦略爆撃機計画(テン・テン・ボマー計画＝Ten Ten Bomber／一万キロの航続力と一万ポンドの爆弾搭載力)に対し、全翼爆撃機XB35(フライング・ウイング)で応募している。

ノースロップ社は陸軍航空本部が提示した新しい構想の戦闘機開発に対し、全翼機に近い姿の機体で応募し、陸軍航空本部よりXP56の機体呼称を取得した。この機体の概要は次のとおりである。

短い中央胴体に後退角を付けた主翼を配置し、短い胴体の後端にエンジンを搭載する。これに二重反転式のプロペラを取り付け、推進式の機体としたのである。また胴体後端のエンジンの上下に小型の垂直尾翼を配置し、降着装置は三車輪式となっていた。

ノースロップ社は本機の試作に先立ち、カーチスXP55試作戦闘機と同じく低馬力のエン

41　③試作戦闘機　ノースロップ XP56

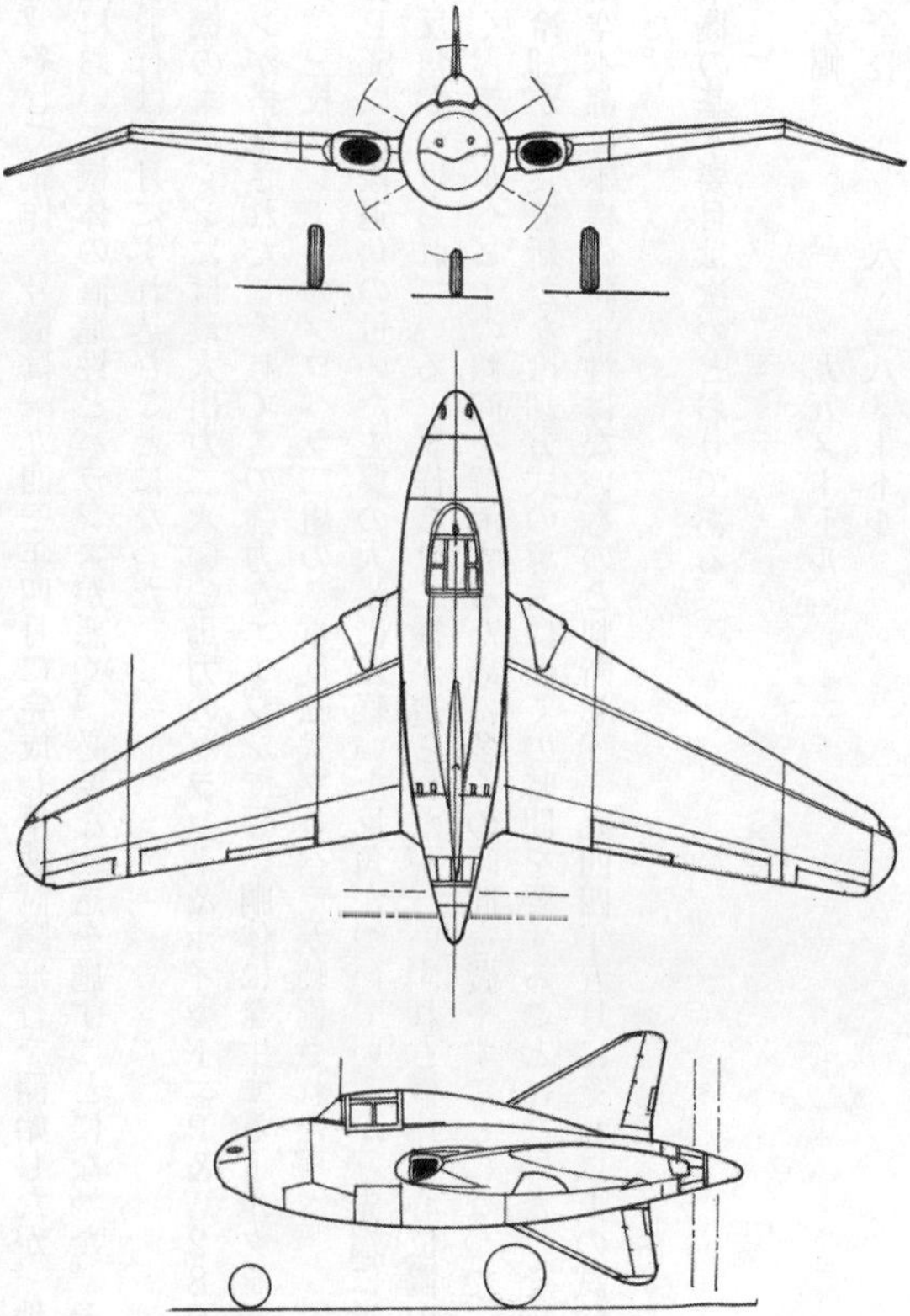

試作戦闘機　ノースロップXP56

ジンを取り付けた小型のモデル機を試作して飛ばし、設計に必要なデータの収集を行なったのだ。そして試作一号機は一九四三年四月に完成し早速試験飛行を開始したが、地上滑走の時点において機体の直進性とバランスが悪く、必要な改造を施すことになった。その結果、試験飛行は九月にずれ込むことになった。

本機のエンジンには最大出力二六〇〇馬力のプラット&ホイットニＰ&Ｗ２８００－29エンジンが搭載された。そしてこの強力なエンジンで短い胴体に発生するトルクを制御するために、三枚ブレードのプロペラ二組の二重反転式プロペラが装備された。

ＸＰ56には後退角の付いた主翼の大半には軽い上反角がついているが、先端に近いところで下反角がつけられている。試作機は二機が造られたが、いずれも機体重心位置のバランスが悪く、テイルヘビーの傾向を解消するために多くの時間を費やすことになった。またエンジン冷却が不良で新たな冷却方式の導入に多くの時間を要することになった。その結果、陸軍航空本部は本機の将来性はないものと判断し、一九四四年五月にそれ以上の試験は中止となった。

本機の基本要目は次のとおりである。

全幅　一二・九五メートル
全長　八・三八メートル
自重　三九四六キロ

43　③試作戦闘機　ノースロップXP56

エンジン　プラット&ホイットニP&W2800-29（空冷星型一八気筒）
最大出力　二六〇〇馬力
最高時速　七四八キロ（計画）
上昇限度　一万一〇〇〇メートル（計画）
武装　一二・七ミリ機関銃四梃

④試作戦闘機　ロッキードXP58

アメリカ陸軍航空本部は一九四〇年四月にロッキード社に対し、すでに同社で試作段階に入っているXP38戦闘機の長距離重戦闘機型の開発を命じた。これに対し同社は開発中のXP38戦闘機と同じく双胴式の複座戦闘機を基本として、この課題に挑戦した。

同社はこの戦闘機を重戦闘機として開発するための手段として、大口径機関砲の搭載と動力砲塔の搭載を第一と考えたのである。機体の呼称は陸軍よりXP58と指定された

本機の基本武装として陸軍航空本部が指定したのは、機首に二〇ミリ機関砲二門と一二・七ミリ機関銃四梃、そして一二・七ミリ機関銃二梃装備の動力砲塔一基であった。

当初本機のエンジンには試作中の液冷エンジンが搭載予定であったが、同エンジンの開発が遅れていたために、途中より最大出力二二五〇馬力の空冷エンジン（ライトサイクロンR2160）に変更された。このエンジンは空冷でありながら正面面積が小さく高速機向きのエンジンであったが、試作の段階で本エンジンの冷却方法に難点があり、これ以上の開発は

 ④試作戦闘機　ロッキード XP58

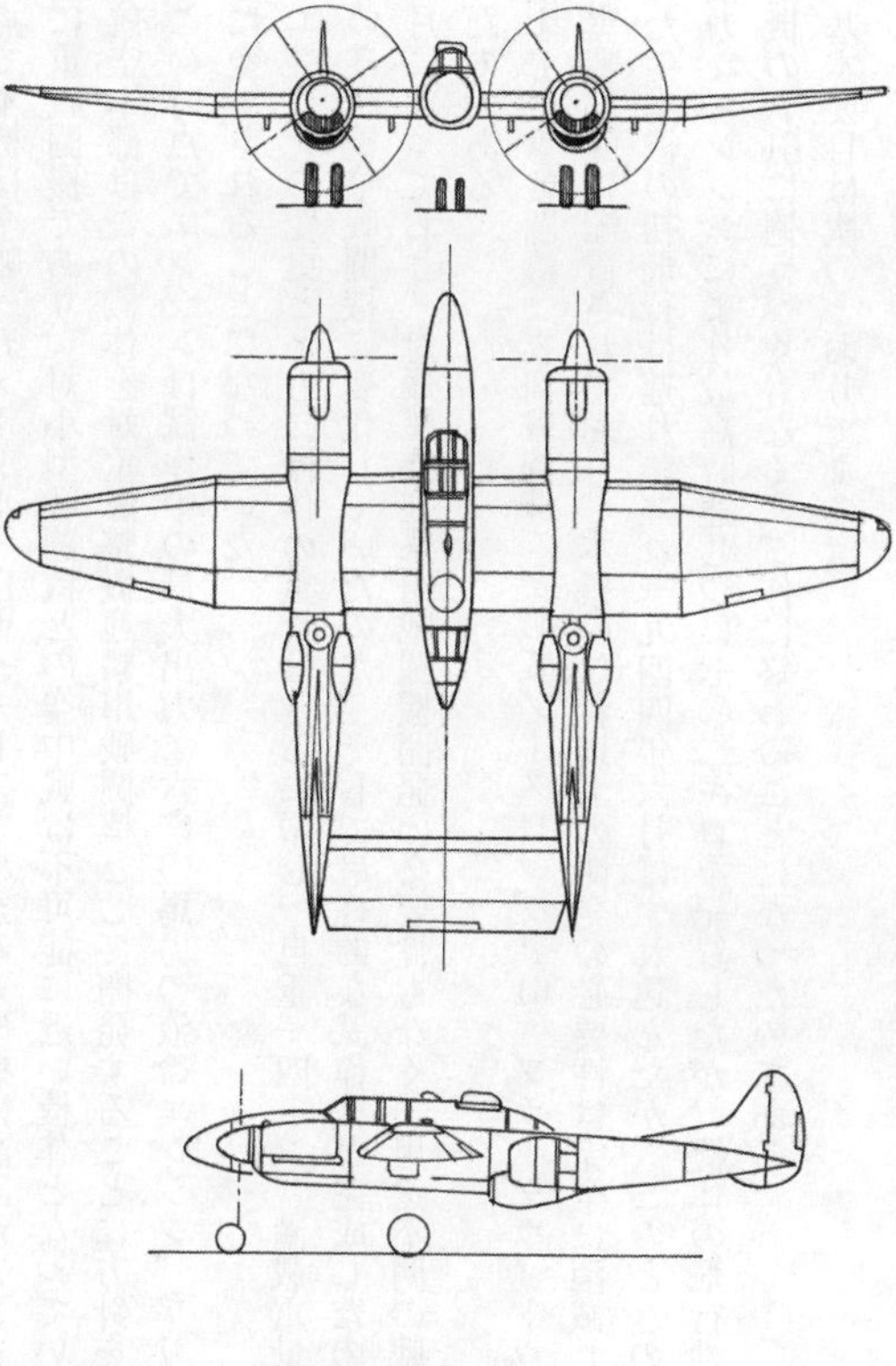

試作戦闘機　ロッキードXP58

困難となったのであった。

この時点で本機は全幅一五メートル、自重一一トンを超える大型機に設計がまとまっており、まさに重戦闘機であり、対小型戦闘機との空中戦は不可能に近い機体となっていた。そこで陸軍航空本部はこの機体を対重爆撃機迎撃用戦闘機として開発することに方針を変更したのだ。この時点でエンジンは試作中の最大出力二六〇〇馬力の液冷エンジン、アリソンV3420に変更されることになっていた。

しかしエンジンの変更とともに機体の重量はさらに増し、自重一四トン、満載重量一七・八トンという超重量戦闘機に変化していたのだ。そして最終的な試作機が完成したのは一九四四年五月に入っており、対爆撃機迎撃用戦闘機開発の必要性もなく、用途不明の戦闘機となっていたのである。

この頃すでに重戦闘機（夜間戦闘機）としてノースロップP61「ブラックウィドウ」双発戦闘機が実戦部隊に配置されており、本機のこれ以上の開発の必要性は完全に消滅していたのであった。本機の初飛行は遅れに遅れ一九四四年六月にずれ込んだが、このときの速度試験では強力なエンジンにより最高時速じつに七〇二キロを記録したが、機体の飛行性能は同じ重戦闘機のP61に適うべくもなく、試作に終わることになったのである。

本機の基本要目は次のとおりである。

全幅　　二二・三四メートル

47　④試作戦闘機　ロッキードXP58

全長　一五・〇四メートル
自重　一万四三二六キロ
エンジン　アリソンV3420（液冷V一二気筒）二基
最大出力　二六〇〇馬力
最高時速　七〇二キロ
上昇限度　一万一〇七四メートル
航続距離　一八五二キロ（正規）
武装　三七ミリ機関砲四門、一二・七ミリ機関銃四梃

⑤試作戦闘機　カーチスXP60

本機は有名なカーチスP40の後継機として開発された機体であるが、性能向上のための様々な試行錯誤の中で消えていった戦闘機である。次期戦闘機開発の困難さを証明するような機体の代表ともいえる戦闘機であり、同時に名門カーチス社のその後の命運をも決めた機体でもあったのだ。

この戦闘機の開発に際しては、陸軍航空軍が再三にわたり装備するエンジンの指定を変更したことが失敗に終わった原因の一つではあるが、それぞれのエンジンに対応する機体の設計にも様々な欠陥があったことも確かなことである。

本機の設計に際し、当初カーチス社の基本方針は新構想の戦闘機ではなく、あくまでも成功した前作のP40戦闘機の性能向上型として設計を開始する予定であった。そのために主翼などは断面構造には層流翼型を採用しているが、翼の平面形状や尾翼の形状などはP40を踏襲することで設計されたのだ。

同社はこの機体のエンジンとして開発途上の液冷V一二気筒で最大出力一五〇〇馬力のコンチネンタルIV1430エンジンを搭載する計画であった。しかし陸軍はエンジンをイギリスのロールスロイス・マーリンエンジンへ変更することを命じたのであった。

試作されたXP60戦闘機は試験飛行において最高時速六一一キロを記録した。しかしこのエンジンは当時量産が開始されていた、ノースアメリカンP51「マスタング」戦闘機用のエンジンとして最優先に供給する状況にあり、新たに量産されるかもしれないXP60戦闘機用エンジンとして供給する余力はないと判断された。陸軍は改めて本機体のエンジンとして液冷のアリソンV1710－75に変更し試作を続けることを指示した。しかも機体が完成する前に一九五〇機の量産命令を出したのであった。

機体の生産準備は整えられたが、ここにきて重大な問題が発生した。肝心のアリソンエンジン付きの機体の性能が陸軍の要求性能を満たさなかったのである。原因は指定されたエンジンの実際の出力がカタログ値を大幅に下回ったことにあった。ここに至りXP60の試作は中止に追い込まれる瀬戸際になったのであった。

ところが陸軍航空本部はこの段階でXP60の機体に、開発途上のターボ過給器付きの高々度用エンジンのライトサイクロンSU－504－1を搭載し、高々度用戦闘機として新たに開発することを命じたのであった。そしてさらに同じく試作されていたXP60の機体に、クライスラー製の液冷エンジン（XIV2220）を搭載し飛行試験を行なうことも指示したのであった。XP60戦闘機はまさにエンジンテスト機の様相を呈することになったのである。

結果的にはクライスラー製のエンジンは完成の目途が立たず開発中止となった。一方高々度型エンジン付きの機体は、強力なエンジン回転にともなう強力なトルク対策として、プロペラを二重反転型に変更する作業も行なわれ試験が続けられたが、エンジンの不良のためにこの機体の以後の試験も中止となったのであった。XP60戦闘機はまさにエンジンのテストベッド機と化してしまったのである。XP60は幾種類かのエンジンの交換を行ないながらも、いずれも満足な結果は得られなかったが、これはなかば陸軍航空本部の責任に帰するべきものでもあった。

一九四三年四月に陸軍航空本部は、試験・開発途上の軍用機に関して、今後実用化の可能性の少ない機体について、大幅な整理を行なう方針を固めたのであった。そしてこの対象機体の筆頭にXP60がリストアップされたのであった。

整理直前のXP60に対し、陸軍航空本部は最後に出力二〇〇〇馬力のライトサイクロンR-2800-10エンジン付きの機体を、改めてXP60Eとして試作させることを決めたのだ。本機の試験飛行は一九四四年一月に行なわれたが、意外にもその性能は当時の第一線戦闘機のノースアメリカンP51「マスタング」やリパブリックP47「サンダーボルト」戦闘機と同等の性能を示したのである。航空本部はこの結果に驚いたが、制式化されている二機種に新たに同程度の性能の戦闘機を追加する必要もなく、またXP60がこの二機種に比較し格段に優れた性能を持ったものでもないとして、結局XP60E戦闘機の制式採用は見送られたのであった。

51　⑤試作戦闘機　カーチス XP60

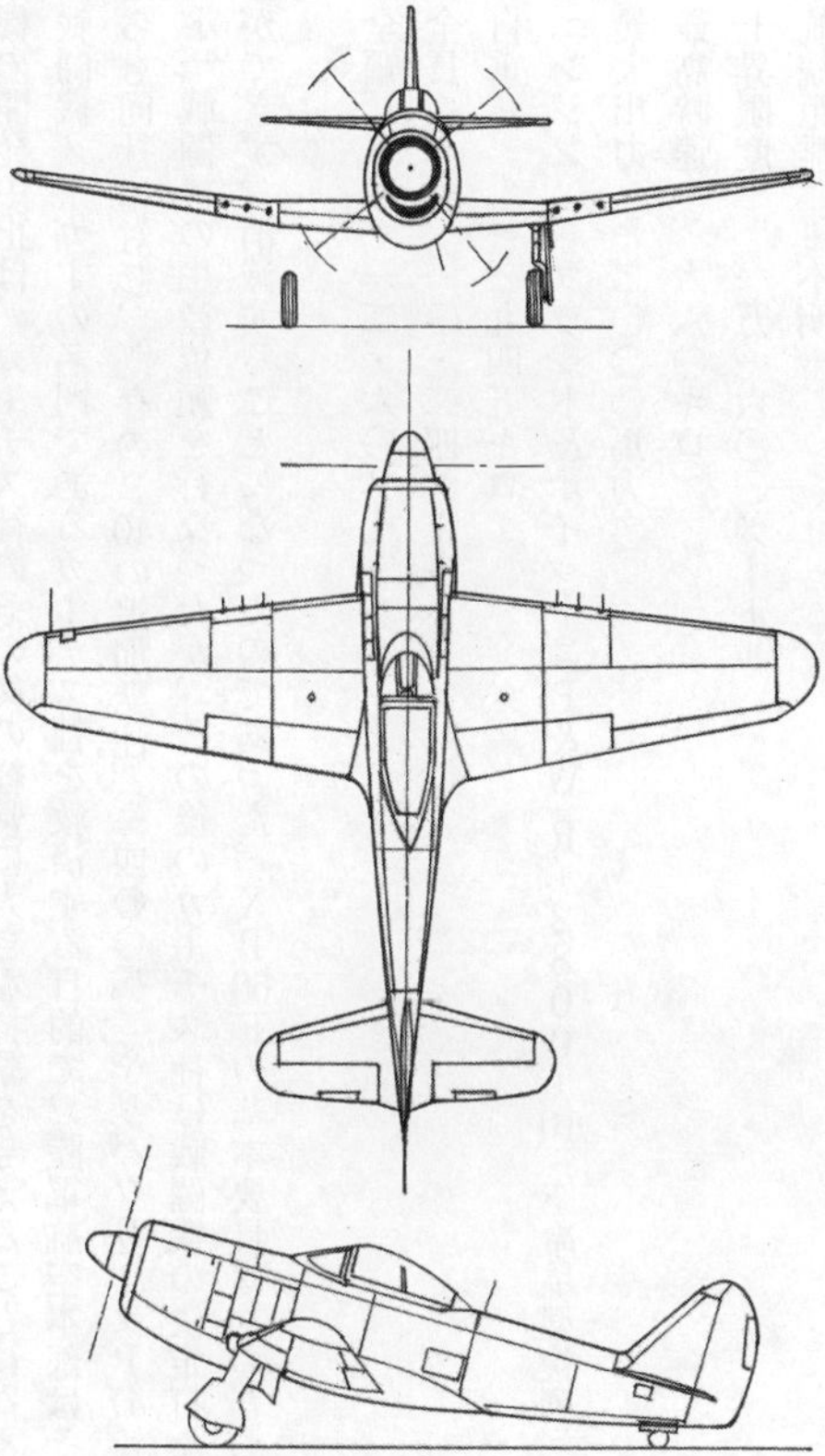

試作戦闘機　カーチスXP60

このXP60E戦闘機は数多く試作されたXP60の中では最も均整の取れた美しい姿の戦闘機であり、最高速力でも決して不満足なものではなかったのであった。

本機の開発中止は、カーチス社のその後の経営に大きな打撃を与えることになったのである。戦闘機メーカーの名門であるカーチス社を救済する目的で、陸軍航空本部はその責任の上からも同社に対し、既存のP40の追加発注（一四〇〇機）やリパブリックP47「サンダーボルト」戦闘機の生産依頼を行なったが、その後のカーチス社は戦闘機の決定打を送り出すことができず、消滅することになったのであった。XP60Eの基本要目は次のとおり。

全幅　一二・六〇メートル
全長　一〇・二四メートル
自重　三九四五キロ
エンジン　プラット&ホイットニP&W R－2800－10（空冷星型複列一八気筒）
最大出力　二〇〇〇馬力
最高時速　六六〇キロ
上昇限度　一万一六〇〇メートル
航続距離　不明
武装　一二・七ミリ機関銃四または六梃

⑥単座戦闘機　ヴァルティーP66「ヴァンガード」

本機は、本来はヴァルティー社が輸出向け単座戦闘機として開発した機体である。ヴァルティー社は一九三九年に小国用の輸出向け単座戦闘機として、社内名称「モデル48」という小型戦闘機の開発を始めた。そして早くも同年九月に試作機を完成させ、試験飛行を開始している。ただこの機体はエンジン冷却の不具合や重量が過大であったことから、試験飛行もままならず失敗作と判定されたのである。しかしスウェーデン政府（同国空軍）が本機の基本設計に興味を示したのだ。ヴァルティー社はこれを好機と判断し、エンジンを換装することにより、より実用的な戦闘機としてさらなる開発を進めることになった。

ヴァルティー社はエンジンを信頼性が高く供給に不安のないプラット&ホイットニR－1830－33（最大出力一二〇〇馬力）に換装し、社内呼称V－48Cとして一九四〇年から試験飛行を再開したのだ。

本機は特別に優れた性能を持つ戦闘機ではなかったが、安定性のある操縦性と取り扱い易さ、そしてエンジンの信頼性などから、スウェーデン政府は一九四〇年六月に本機一四四機をヴァルティー社に対し注文したのである。

ヴァルティー社は直ちに本機の生産を開始し、同年九月にはすべての機体を製造し出荷の準備に入ったのだ。しかし当時第二次世界大戦勃発後から中立の立場にあったアメリカは、交戦中の国家への武器輸出に関わるレンドリース法を採択しており、中立国のスウェーデンに対してもあらゆる武器の輸出はできない状況にあったのだ。

出荷準備もすでに整っていた本機（V－48C）は宙に浮いた存在になってしまったのであった。しかしその後アメリカはレンドリース法の適用を受け、イギリス経由でカナダへ本機一二九機を送り込むことになったのである。このときイギリスは本機に「ヴァンガード（前衛兵士）」という呼称を与えていた。そしてカナダでは本機を高等戦闘練習機として使う計画であった。

しかしカナダへの本機の発送直前になり、風雲急を告げるアジア情勢を考え、イギリスは急遽本機一二九機を中国に送り込むことにしたのだ。弱体化した中国空軍の再整備と強化のために本機を配備し、日本に対峙しようとしたのだ

その最中に今度は太平洋戦争が勃発し、アメリカはこの機体の一部をカリフォルニア州の防空のために配置することを決定し、残りの機体を予定どおり船便でイランのカラチ経由（途中インド経由）で中国に送り込んだのであった。ただこのとき何機が中国に発送されたのかは正確な数字は判明していない。

55　⑥単座戦闘機　ヴァルティーP66「ヴァンガード」

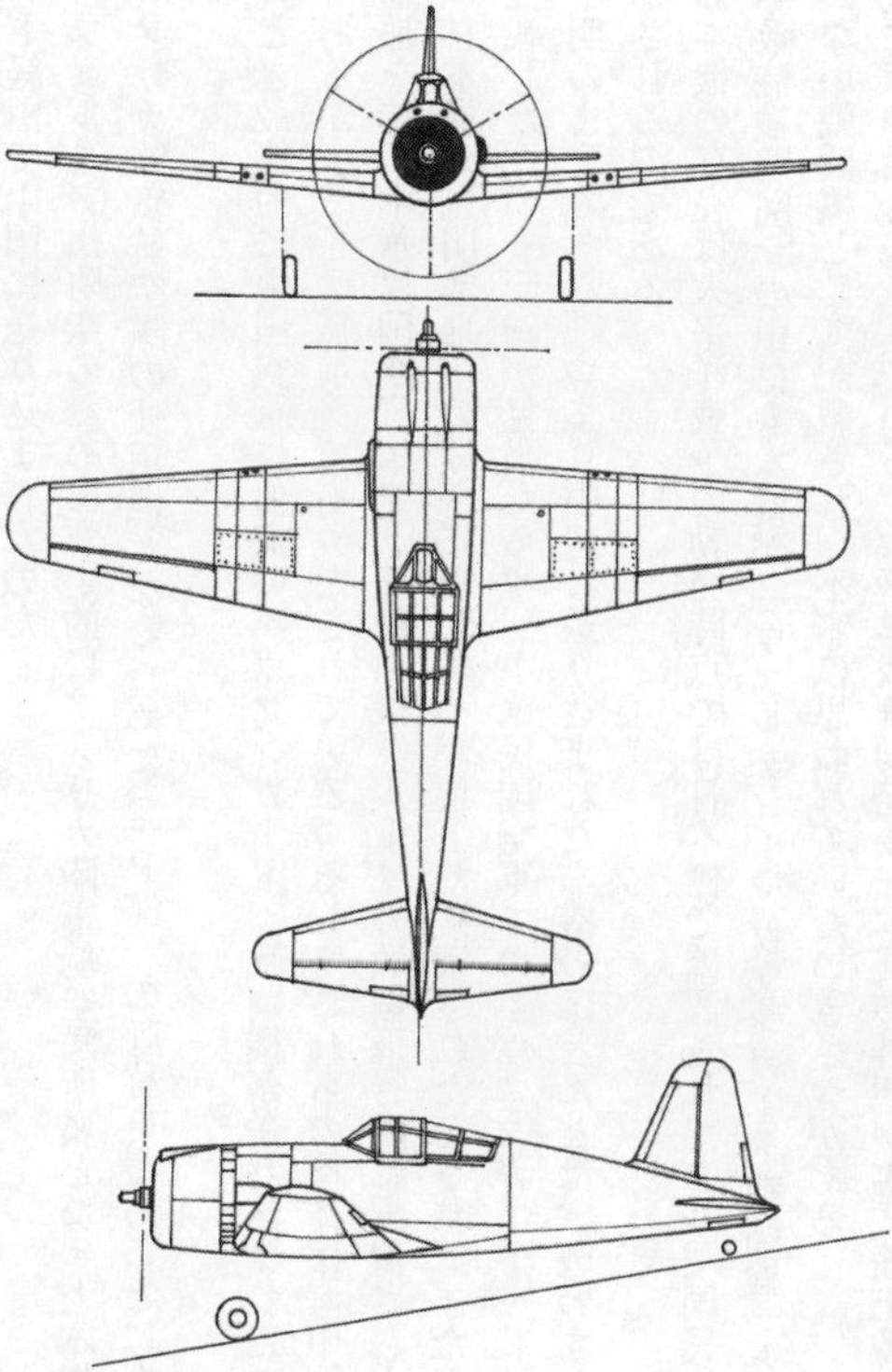

単座戦闘機　ヴァルティーP66「ヴァンガード」

その後カーチスP40戦闘機やベルP39戦闘機の充足で、カリフォルニア防空戦闘部隊の戦力が充実したことにともない、配置された「ヴァンガード」V-48Cは、あらためてイランとインド経由で中国に送り込まれたのだ。

カリフォルニア州防空のために暫定的にアメリカ陸軍航空隊所属となった本機は、このときにアメリカ陸軍航空隊の使用機となるために、「P66」の呼称を得ることになったのである。

このとき最終的に中国空軍に何機の「ヴァンガード」戦闘機が送り込まれたのかについては諸説あるが、一〇〇機前後であったされている。そしてこれらの機体は、中国西南部の昆明に基地を持つ中華民国空軍第二十三戦闘機グループの数個飛行隊に配置されたとされているが、日本機の昆明基地への爆撃に際し多くが地上で破壊されたとされ、また日本側にも本機と交戦したという記録が見当たらず、中華民国空軍での「ヴァンガード」戦闘機の活動状況は不明のままである。つまり中国に送り込まれた本機のほとんどは、戦わずして失われたと推定されるのである。

なお本機の存在は太平洋戦争の勃発時点では日本側で確認されており、国民の間に配布された「敵機識別図」の中にも本機が「ヴァルティー・ヴァンガード戦闘機」として、「P」記号のない戦闘機として記載され、不審に思われていたいきさつがある。

本機には逸話も残されている。太平洋戦争勃発後、本機の外観が零式艦上戦闘機や一式戦闘機「隼」に似ているとして、日本の両戦闘機は本機をコピーした機体であると、アメリカで喧伝された記事も散見されるのである。

結局本機は実戦に参加する機会がありながら、戦わずして消え去った不運な戦闘機であったことになるのだ。

本機の基本要目は次のとおり。

全幅　一〇・四七メートル
全長　八・〇三メートル
自重　二三七六キログラム
エンジン　プラット＆ホイットニＰ＆Ｗ　Ｒ－１８００－33（空冷星型複列一四気筒）
最大出力　一二〇〇馬力
最高時速　五四七キロ
上昇限度　八五九五メートル
航続距離　一三六八キロ
武装　一二・七ミリ機関銃二梃、七・七ミリ機関銃四梃

⑦試作双発戦闘機　マクダネルXP67「バット」

マクダネル社は一九三九年に創設された新進気鋭の航空機メーカーである。陸軍航空本部も同社の先進的な航空機の設計思想を高く評価しており、同社の将来性を見出し、研究開発資金の援助を提示するほどであった。その最中に陸軍は同社に対し新しい設計思想に基づく戦闘機の開発を命じたのであった。それに対するマクダネル社の回答がXP67双発戦闘機であったのだ。

本機の試作にあたりマクダネル社は、じつに斬新なアイディアを盛り込んだ機体を設計・試作したのである。それは双発の機体の正面面積を極小化する設計の採用である。この方式は「Blended Wing Body＝混在化主翼機体（正面面積において主翼・エンジンナセル・胴体を一体化した機体）」と表現される設計方式で、胴体と双発のエンジンナセルの正面面積を極小化し、それらを主翼の正面形状の中に溶け込ませようとするものであった。これにより機体を正面から見ると大胆に扁平な平べったい形状となり、正面空気抵抗を減らし、高速力

59　⑦試作双発戦闘機　マクダネルXP67「バット」

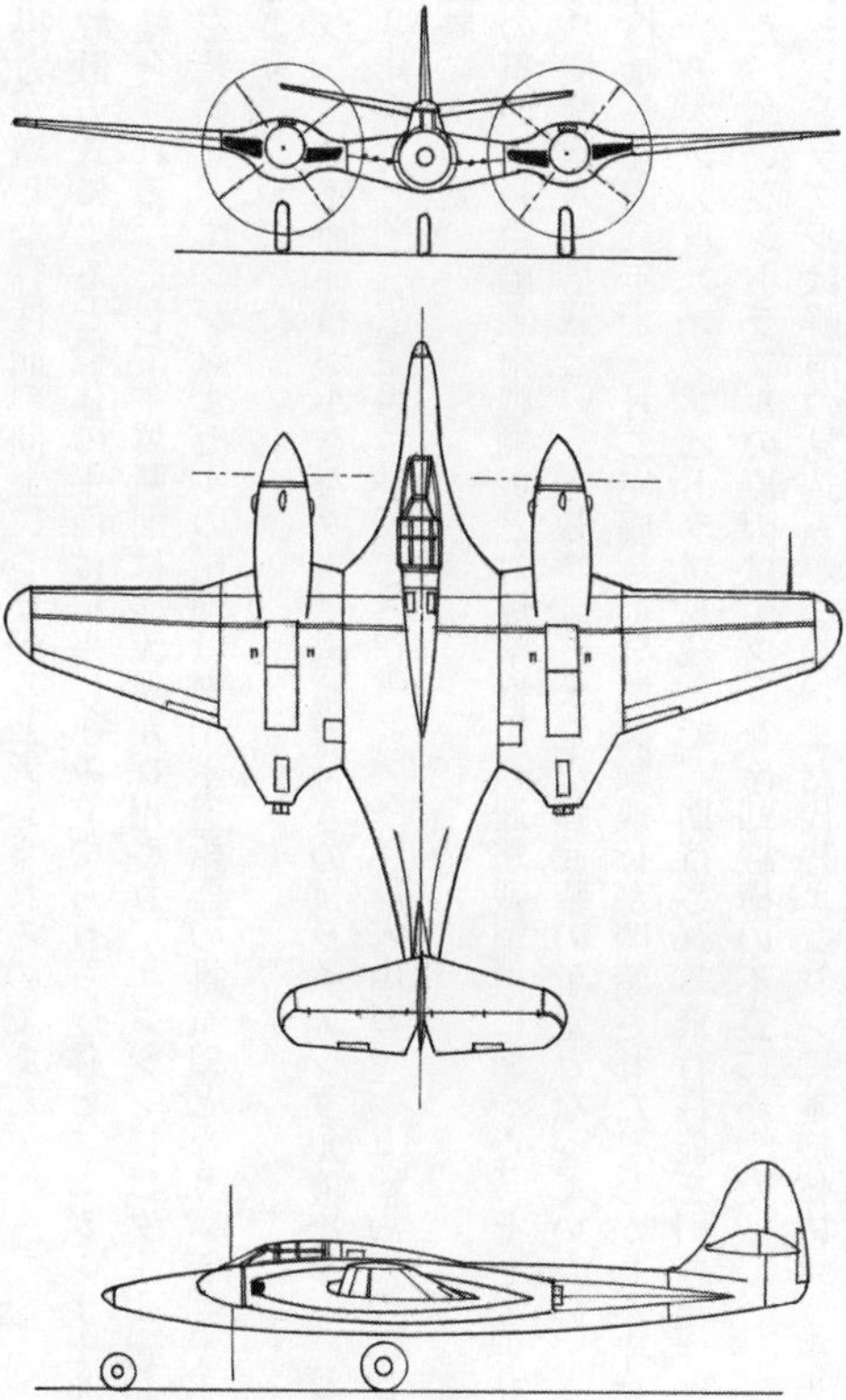

試作双発戦闘機　マクダネルXP67「バット」

を得ようとする考え方であった。その全体的な形状はまさに魚の「エイ」に酷似した姿となるのである。これによって胴体とエンジンナセルと主翼を一体化したものにすることができ、機体の揚力が増し飛行性能の向上につながると考えられるのである。

この設計方式によると機体の平面は扁平に組み立てられ、胴体とエンジンナセルはフィレットで結合される。そして主翼断面は層流翼が採用され、エンジンにはターボ過給器付きエンジンを装備し、エンジンナセルの尾端はターボ過給器の排気口となり、ジェット効果が得られるようになっていた。

エンジンには正面面積が小さなターボ過給器付きのコンチネンタル液冷V一二気筒（XI−1430エンジン）が選定された。このエンジンは最大出力一三五〇馬力のエンジンで試作の段階にあった。

本機の狙いは長距離護衛戦闘機と対爆撃機用の迎撃戦闘機にあった。そして武装は機首に三七ミリ機関砲六門搭載という、じつに破天荒な強武装の予定となっていたのである。

試作機は一九四三年十一月に完成し、早速試験飛行が開始された。しかし不幸にも開発途上のコンチネンタルエンジンはトラブル続きで、期待される飛行性能を引き出すことができなかった。エンジントラブルの原因はエンジン冷却機構の不良にあった。

エンジントラブルは解消の見込みがなく、また代替エンジンに本機体にマッチするものもなく、陸軍航空本部は本機のそれ以上の試験の継続を断念し、一九四四年九月に本機の開発中止を決めた。

エンジンが比較的安定して稼働しているときに測定された本機の飛行特性は、特異な形状効果が顕著に現われ、優れた操縦性を示したとされている。本機はエンジンの選定が適切であれば、相当に高性能な戦闘機としてその後の活躍が期待できた機体と評価されている。なおマクダネル社はその後のジェット機時代に入ると、多くの傑作戦闘機を送り出し、その中でもマクダネルF4「ファントム」戦闘機は傑作中の傑作戦闘機として、いまだに現役で活躍している。

本機の基本要目は次のとおり。

全幅　一六・七六メートル
全長　一三・六三メートル
自重　八〇四九キロ
エンジン　コンチネンタルXI－1430（液冷倒立V一二気筒）二基
最大出力　一三五〇馬力
最高時速　六五二キロ（実測値）
上昇限度　一万一四〇〇メートル（計画）
航続距離　三八三七キロ（計画）
武装　三七ミリ機関砲六門（計画）

⑧試作単座戦闘機　リパブリックXP72

もしジェット戦闘機の時代の到来が数年遅れていたら、本機は確実にアメリカ陸軍航空隊の最後のレシプロエンジン付き単座戦闘機として採用されていた可能性が極めて高い機体なのである。

一九四二年にドイツはパルスジェットエンジンを動力とするV－1の開発の最中であり、完成しだいこの飛行爆弾を大量投入し、ロンドンを含むイギリス本土の無差別攻撃を実行する計画であった。

当時の連合軍側のジェットエンジン推進の戦闘機の開発はイギリスが先行していた。イギリス空軍はすでにジェットエンジン推進の戦闘機の開発を進めていた。しかし一方のアメリカのジェットエンジンの開発は大幅に遅れており、ドイツがこの飛行爆弾を大量にイギリス本土攻撃に使用した場合には、その迎撃が可能な戦闘機を保有していなかったのだ。アメリカとしてはそのための当面の対策として、ドイツ軍のジェットエンジン推進の機体が登場した場合には、現有の戦闘機の中から適任の機種を選定し、これに最強のエンジンを搭載して、敵わないまでも最速のレシプロエンジン付き戦闘機を造り上げて対抗することを考えたのである。

アメリカ陸軍は一九四四年にリパブリックP47D「サンダーボルト」戦闘機の一機に、最大出力二八〇〇馬力のライトサイクロンR－2800－57空冷エンジンを搭載し飛行試験を行なったのであった。その結果、本機は時速七五七キロを発揮することができた。

アメリカ陸軍航空軍は本機をP47Mとして一三〇機生産し、ヨーロッパ戦線に送り込んだのである。本機の速力は飛行爆弾V－1を迎撃するには十分であり、また新たにヨーロッパ戦線に登場したアラドAr234ジェット攻撃機や、メッサーシュミットMe262ジェット戦闘機の迎撃に、不十分ながらも相手の弱点を利用し攻撃することは可能だったのである。

リパブリック社は一九四四年にP47Mをベースにした、ジェット軍用機の攻撃も可能な高速レシプロ戦闘機の至急開発に入った。その基本となったのは、すでに一九四四年に同社がP47D戦闘機を極力軽量化し、同じプラット&ホイットニ社製の最大出力二八〇〇馬力のエンジンを装備した試作高速戦闘機XP47Jであった。この機体はこれまでのD型より自重が一トンも軽量化されていた。

速度試験の結果、本機は非公認ながら時速八一一キロを記録した。この記録は非公認でありながらレシプロエンジン搭載の航空機としての最高速度記録なのである。

リパブリック社はこのJ型の成功を基に、P47戦闘機を軽量化し強力エンジンを搭載した

XP72戦闘機を試作し、軍の評価を受けることになったのである。

XP72の機体の形状は先に試作された高速機P47Jに似たものとなった。エンジンにはより強力な最大出力三四五〇馬力のプラット&ホイットニR−4360−13エンジンが搭載された。そして機首は一見液冷エンジン搭載機のように先端を細く仕上げ、強制冷却ファンが装備された。また胴体下面には気化器用の大型の空気取入口が配置されていた。

試作機は一九四四年二月と六月に各一機ずつ造られた。一機目は大直径の四枚ブレードのプロペラが装備され、二機目は強力エンジンによるトルクの影響を減衰するために二重反転式プロペラ(三枚ブレードプロペラ二組)が装備された。最高時速は二号機で時速七八八キロを記録し陸軍を満足させ、この結果を受けて本機一〇〇機の前期生産をリパブリック社に命じたのだ。

しかし仮発注をした後に陸軍航空本部はこの発注をキャンセルしたのであった。一九四四年も後半に入ったこの時期には、この戦争の終結は間近と予想され、もはや新たな超高速レシプロ戦闘機の追加は不要と判断されたのだ。その後は開発中のジェット戦闘機にバトンを渡すことで高速戦闘機の試作問題は解決されると陸軍は考えたのである。

本機の基本要目は次のとおり。

全幅　一二・四七メートル
全長　一一・一二メートル

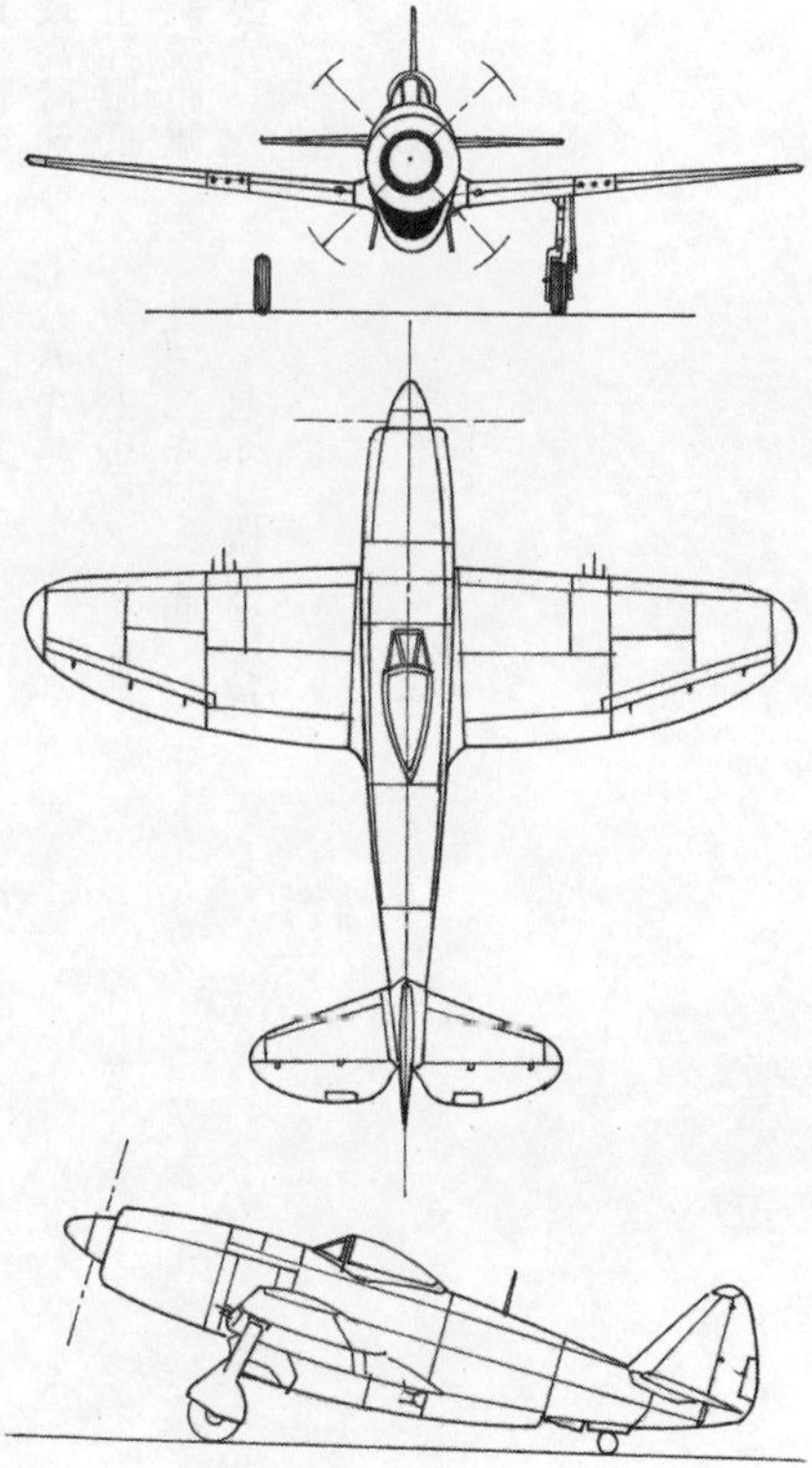

試作単座戦闘機　リパブリックXP72

自重	五一九九キロ
エンジン	プラット&ホイットニR-4360-13（空冷星型複列二四気筒）
最大出力	三四五〇馬力
最高時速	七八八キロ
上昇限度	一万二八〇〇メートル
航続距離	一九三二キロ（正規）
武装	一二・七ミリ機関銃六梃

⑨試作単座長距離戦闘機
ジェネラルモーターズXP75「イーグル」

アメリカの乗用車生産のトップに位置するジェネラルモーターズ社は、他の自動車メーカーと同じくアメリカが第二次世界大戦に参戦したと同時に乗用車の生産を停止し、その生産ラインを軍需品に転換した

同社の生産ラインは戦車、各種戦闘車両のほか、海軍のグラマン社のF4F艦上戦闘機やTBF艦上攻撃機に転換された。そして同社はこの中で陸軍航空本部が提示した迎撃戦闘機の開発要請に対し、独自設計の機体を提案したのだ。

この機体はアメリカ製の液冷エンジンでは当時最強のアリソンV-3420（最大出力二六〇〇馬力）を胴体中央部に配置し、一本の延長プロペラ軸で大直径のプロペラを回転するという特異な機構を持つ大型戦闘機で、一九四二年十月に陸軍に開発計画書を提示した。

この頃アメリカ陸軍航空本部は爆撃機を援護する長距離援護戦闘機の要望が高まっており、同社が提示した戦闘機が航空本部の要求を満足するものとして、直ちにXP75の呼称が与え

られ、ジェネラルモーターズ社に試作を命じたのである。

同社は直ちにこの要請に応じ、試作機の製作作業に入った。そしてとりあえずこの機体がどのような飛行性能を持つのかを至急に確認するために、試作機の製作にあたり極めて特異な手法を講じたのであった。そしてこの間に正規の試作機の設計に入ったのであった。

応急に製作された試作機には複数の既存の実戦機の部品が転用されたのである。主翼にはカーチスP40戦闘機の主翼に追加改造を施したものが使われ、垂直尾翼と水平尾翼はダグラスSBD「ドーントレス」艦上爆撃機のものが転用された。また主脚にはヴォートF4U「コルセア」艦上戦闘機のものが転用された。

この特異な試作一号機は一九四三年十月に完成し、早速試験飛行が開始された。しかし寄せ集めの機材で出来上がった機体は、当然ながら思うような性能を発揮することはできなかった。機体の重心位置の不定、アリソンエンジンの冷却不足問題、エンジンの延長軸の回転にともなう振動問題など問題が山積し、まともな試験飛行ができない状態であった。

結局本機の性能評価は正規の試作機である二号機の完成を待って行なわれることになったが、二号機の完成は遅れ、一九四四年九月にやっと完成したのである。

正規の試作機は直線を主体にした主翼や尾翼を持ち、プロペラは三〇〇〇馬力に近い強力なエンジン回転にともない発生する機体のトルクを防止するために、二重反転式プロペラが装備された。

期待されながら実施された試験飛行の結果は、陸軍の機体を裏切るものであった。エンジ

69　⑨試作単座長距離戦闘機　ジェネラルモーターズXP75「イーグル」

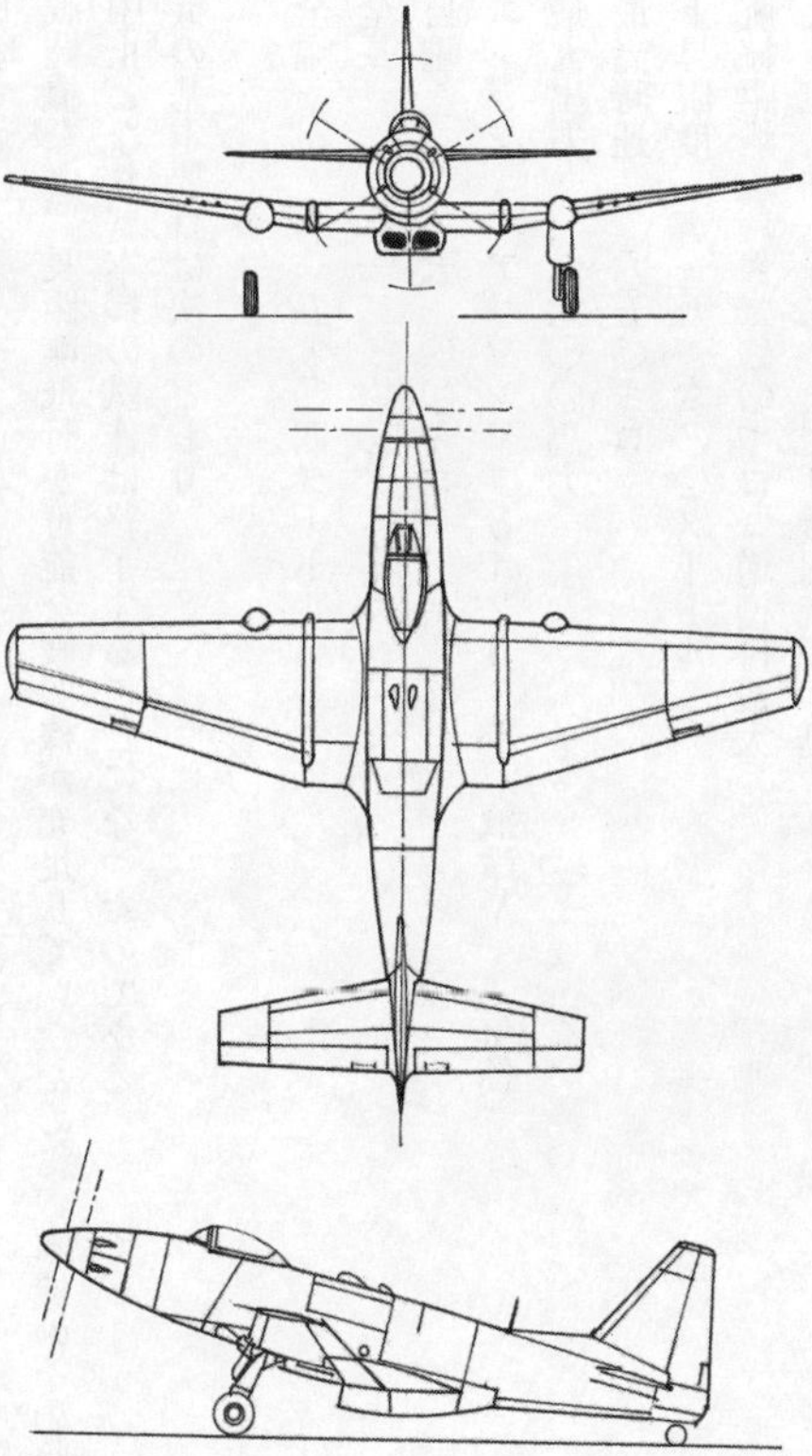

試作単座長距離戦闘機　ジェネラルモーターズXP75「イーグル」

ンの冷却不足問題、延長プロペラ軸の振動、運動性能の不良等々、早急な対策が望めない問題ばかりが現われたのであった。

同じ頃すでにノースアメリカンP51「マスタング」やリパブリックP47「サンダーボルト」戦闘機など、長距離飛行が可能な戦闘機が充足していたために、本機のその後の改良作業は中止となり、本機の試作は終了することになったのである。

本機の基本要目は次のとおり。

全幅	一五・〇四メートル
全長	一二・六〇メートル
自重	五一〇〇キロ
エンジン	アリソンV-3420-23（液冷V二四気筒）
最大出力	二六〇〇馬力
最高時速	六五〇キロ
上昇限度	一万一六〇〇メートル
航続距離	六三〇〇キロ（増槽付最大）
武装	一二・七ミリ機関銃一〇梃

⑩試作単座戦闘機　ベルXP77

本機は第二次世界大戦中にアメリカが開発した戦闘機の中では異例の軽量・小型の戦闘機で、アメリカが好んだ大型で強馬力エンジンで飛ばせる戦闘機とは、およそかけ離れた小型戦闘機であった。太平洋戦争が勃発しアメリカがこの戦争に参戦すると、直ちに懸念されたのが、大量に生産されるであろう軍用機の材料としてのアルミニウムなどの軽金属の不足であった。

こうした背景の中でアメリカ陸軍航空本部は、機体の材料を木材を主体とした戦闘機の開発をベル社に要請したのであった。これに対しベル社は一九四一年十月に、新規素材による戦闘機開発プロジェクトチームを社内に立ち上げ、早速作業を開始したのだ。

その結果をもってベル社が陸軍航空本部に提案した基本構想は、胴体と主翼および尾翼の構造材料は木材とし、外板はすべてジュラルミン張りとする小型戦闘機であった。この提案は軍に承認され、ベル社は直ちに具体的設計に入った。

軽量小型化した機体には夕ーボ過給器付きの六〇〇馬力程度の小馬力エンジンを搭載する予定で、最高時速六〇〇キロを確保することが可能と判断したのだ。

選定されたエンジンのメーカーは、小型航空機用エンジンメーカーとして実績のあるレンジャー社に決定した。同社は直ちに新型戦闘機用の小型エンジンの試作に入った。このエンジンはレンジャーXV－770－7（最大出力五二五馬力）として開発されることになった。しかしこのエンジンの開発は大幅に遅れてしまった。

一方機体の試作も開始されたが、皮肉なことに機体の構造材を木材としたことがかえって機体の重量を増す結果となったのだ。しかし陸軍はとりあえず本機二機の試作をベル社に命じたのである。

試作機が完成したのは、この種の機体の開発構想が始まってから四年も経過した一九四四年四月であった。

この頃には当初懸念されていたジュラルミンなどの軽量合金の生産量の心配もなくなり、大量の軍用機の生産が可能な状態になっていた。

試験飛行は直ちに開始されたが、計画当初懸念されていたとおり、木製構造材の使用は明らかに機体重量を増し、速力試験も高度一二〇〇〇メートルで時速五三一キロを記録したのが最高となった。さらに機体の安定性不良やエンジンの振動問題など問題が山積したのだ。そして三機造られた試作機も、試験飛行中に二機が操縦不良に陥り墜落するという事故も重なり、結局本機の開発の意味もなくなりこれ以上の開発は中止となったのである。

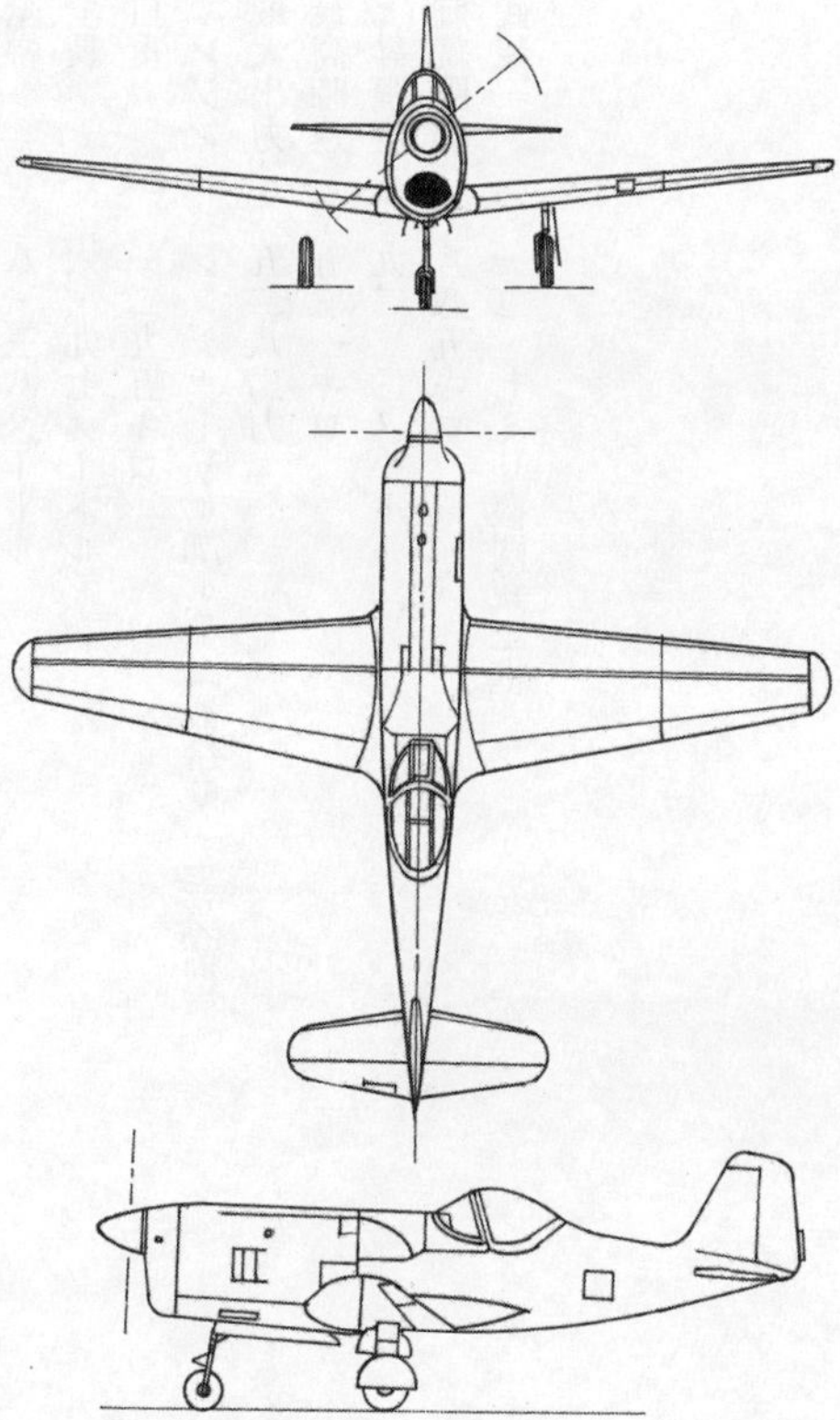

試作単座戦闘機　ベルＸ P77

本機の基本要目は次のとおり。

全幅　八・三八メートル
全長　六・九七メートル
自重　一二九五キロ
エンジン　レンジャーV－770－7（液冷V一二気筒）
最大出力　五二八馬力
最高時速　五三一キロ
上昇限度　九二二〇メートル
航続距離　八八五キロ
武装　一二・七ミリ機関銃二梃

⑪援護戦闘機　ノースアメリカンP82「ツインマスタング」

アメリカ陸軍航空軍はアメリカが第二次世界大戦に参戦した頃から、重爆撃機の護衛戦闘機としての長距離戦闘機の必要性を認識していた。アメリカ陸軍航空隊の当時の実用戦闘機の中でも、ロッキードP38、リパブリックP47、またノースアメリカンP51戦闘機などは長距離戦闘機の候補ではあったが、これらの機体は航続距離の伸長には多くの問題を抱えていた。また同時に長距離戦闘機の搭乗員が一人で長時間の操縦を継続することへの負担なども指摘され、新しい発想の長距離援護戦闘機の開発の必要性が指摘されていたのである。

この問題を解決するために、アメリカ陸軍航空軍は二人の操縦士を乗せ、交互に操縦が可能な戦闘機の開発をノースアメリカン社に提示したのであった。その時期は太平洋戦域と欧州戦域で、ともに長距離爆撃機による作戦が佳境に入りだした一九四四年一月であった。

この要求に対するノースアメリカン社の提案は素早かった。すでに長い航続距離を持つ単発戦闘機として頭角を現わしていたノースアメリカンP51「マスタング」戦闘機を、二機組み合わせた援護戦闘機を提案したのであった。その結果、陸軍はこの提案を了承し、具体的機体をXP82として試作することを命じたのであった。

ノースアメリカン社の提案は直ちに試作機に具体化された。当時開発中のP51の最新の機体の胴体を二つ並べ、それらを中央翼と水平尾翼で繋ぐという特異な発想の機体を試作したのである。この方式により二つの胴体にある操縦席で操縦者が交互に操縦することが可能になり、長時間操縦の搭乗員の疲労は緩和されるとともに、長距離飛行に必要な燃料タンクの増設も容易となった。しかも既存の機体の性能をそのまま維持することも可能になるのである。

陸軍航空軍はこの提案を受け入れると直ちに本機を制式戦闘機として採用し、しかも五〇〇機の量産をノースアメリカン社に命じたのである。

ノースアメリカン社は本機の設計をすでに開始していたが、空力的な懸念から既存のP51戦闘機の胴体を多少延長して二機分組み合わせ、さらに主翼も強度を増す構造にしたのだ。そして二基のエンジンの回転が互いに反対になるようにそれぞれの回転を逆にしたエンジンを搭載し、機体に与えるエンジンの回転トルクの影響を除いた。また主脚の位置は胴体に近い位置に変更された。

試作機は一九四五年四月に完成し、直ちに試験飛行が開始された。その結果は予想を上回るものとなり、陸軍航空軍を満足させたのであった。本機の生産ラインはすでに量産体制に入っており、直ちに量産が開始されたが、その最中に戦争は終結し実戦参加は見られずに終

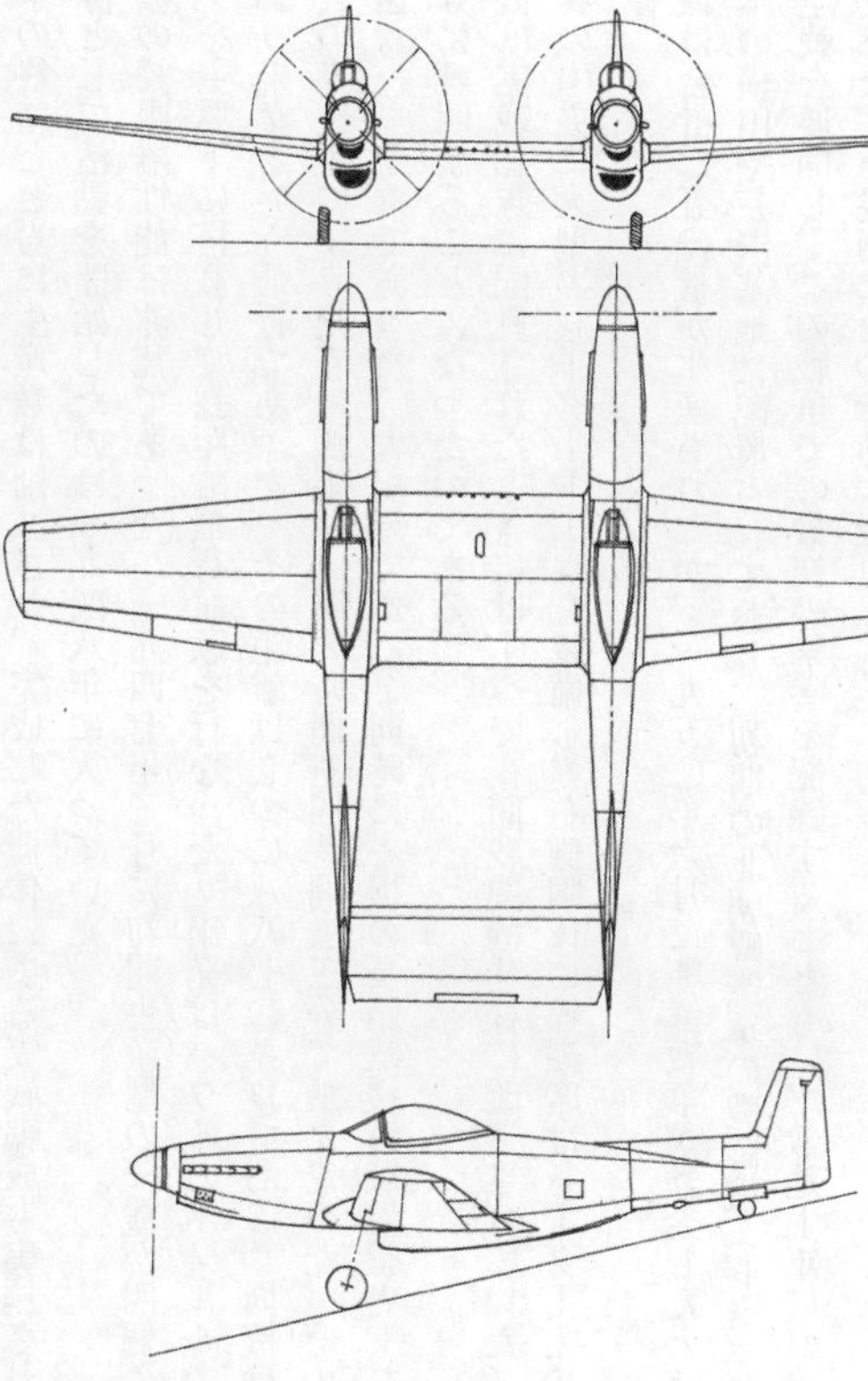

援護戦闘機　ノースアメリカンP82「ツインマスタング」

わった。

戦争の終結とともに生産数は削減され、完成した機体による実戦編成も実施されたが、実戦部隊として活動を開始したのは一九四八年に入っていた。

本機の長距離性能は非凡であった。一九四七年三月に初期生産型の一機が四個の大型燃料タンクを主翼下に搭載して長距離飛行試験を行なった。出発はハワイのホノルルで、到着はニューヨークという飛行であった。その距離はじつに八八七〇キロである。同機はこの距離を二人の操縦者により交互に操縦し、所要時間一四時間三三分で飛んだのだ。その平均速力は時速六一一キロであった。大記録であると同時に本機の長距離援護戦闘機としての性能を十二分に証明することになったのである。

本機は実戦部隊に配置されたときにはすべて夜間戦闘機仕様に改造されていた。この場合、中央翼の中央に大型のレーダードームを装備し、右側胴体の操縦席はレーダー士の席となった。

本機は合計二五〇機が生産されたが、一九五〇年六月に朝鮮戦争が勃発したとき、二四機が日本の横田や三沢基地に配置されており、初期の北朝鮮空軍の戦闘機（レシプロ戦闘機）との空戦を展開し、この戦争での最初の撃墜を記録するとともに、敵地上軍に対するロケット弾攻撃などを展開したのであった。

本機の基本要目は次のとおり。

全幅　一五・六二メートル
全長　一二・九三メートル
自重　七二七一キロ
エンジン　アリソンV1710（液冷V一二気筒）二基
最大出力　一六〇〇馬力
最高時速　七七五キロ
上昇限度　一万二七〇〇メートル
航続距離　二二四〇キロ（正規）、最大三六〇〇キロ（増槽付）
武装　一二・七ミリ機関銃六梃、
爆弾等最大一八〇〇キロまたは五インチロケット弾二五発

⑫試作双発艦上戦闘機　グラマンＸＦ５Ｆ「スカイロケット」

本機の写真が当時（昭和十五年＝一九四〇年）の日本の航空雑誌に初めて掲載されたとき、その機体の異様な姿から日本の航空関係者への衝撃は極めて大きなもので、「未来の戦闘機出現」と騒がれたほどであった。

一九三五年から一九四〇年頃にかけて、世界の主要空軍では多くの双発戦闘機が試作されており、一つのブームになっていた。イギリスではブリストル「ボーファイター」やウエストランド「ホワールウィンド」、ドイツではメッサーシュミットMe110やMe210、フランスではポテ630、アメリカではロッキードP38、そして日本では後の二式複座戦闘機キ45「屠龍」の原型などが試作されていた。

この状況の中でアメリカではグラマン社が双発艦上戦闘機ＸＦ５Ｆの試作に入ったのである。グラマン社は本機の開発を一九三八年に開始したが、アメリカ海軍は翌一九三九年に本機を承認し、試作機を正式に発注したのである。

本機は小型機であるが、その形態は常識的な双発機とは著しく違っていた。その顕著な特徴の一つが胴体にあった。胴体で発生する表面空気抵抗を極力減すために、胴体の長さを機首付近で短縮してしまったのだ。つまり胴体を操縦席前方でカットし、胴体の前端が主翼を咥え込む（挟む）ような形態にしたのである。ようするに中央主翼の前方には胴体がないのである。

特徴の二つ目は、胴体前方がないために左右のエンジンナセルを機体の中心線に接近させる配置にすることができたことだ。これは二つのエンジンを接近させることにより、単発機に近い飛行特性が得られるものとしたのである。そして三つ目の特徴は尾翼に双垂直尾翼を採用したことである。

グラマン社はこの独創的なスタイルのメリットを、二基のエンジン搭載により飛行性能の格段の向上が狙えること。また双発戦闘機でありながら単発戦闘機に近い飛行特性が得られること。また武装を機首（？）前端に集中配置されて強力な攻撃力を持つとしたのである。

試作機は一九四〇年四月に完成した。直ちに試験飛行が開始されたが、その結果はグラマン社の予想を裏切る結果となったのであった。当初期待された時速六〇〇キロ以上という性能は実現できなかった。また胴体を短縮したために胴体内に収容される各種装備の搭載に困難をきたすことになったのである。

この結果からグラマン社は、本機の胴体を機首方向に両プロペラ回転圏を邪魔しない範囲まで延長する改造を加えたのだ。しかしその効果は性能の改善には現われず、結局本機のそ

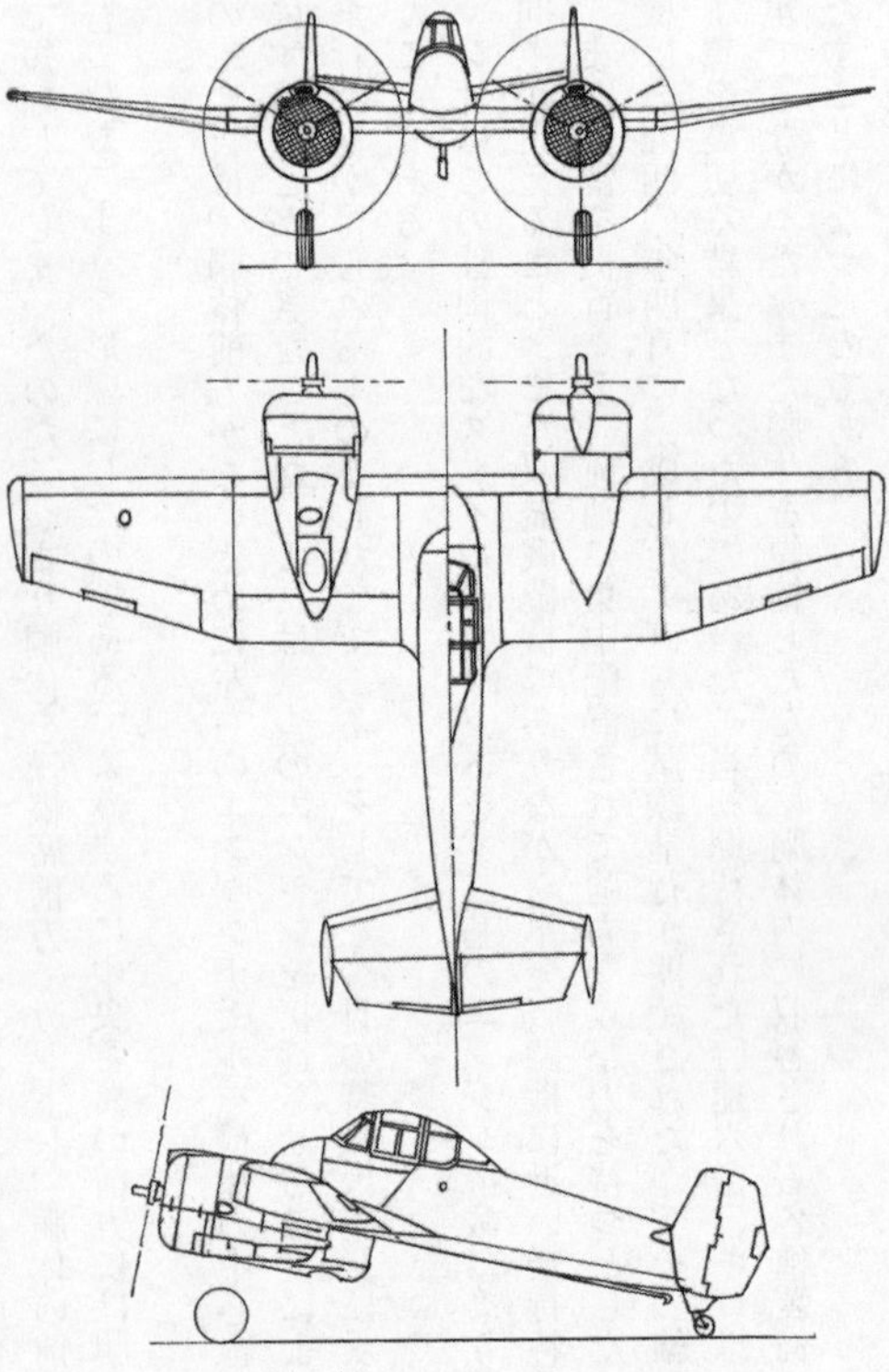

試作双発艦上戦闘機　グラマンXF5F「スカイロケット」

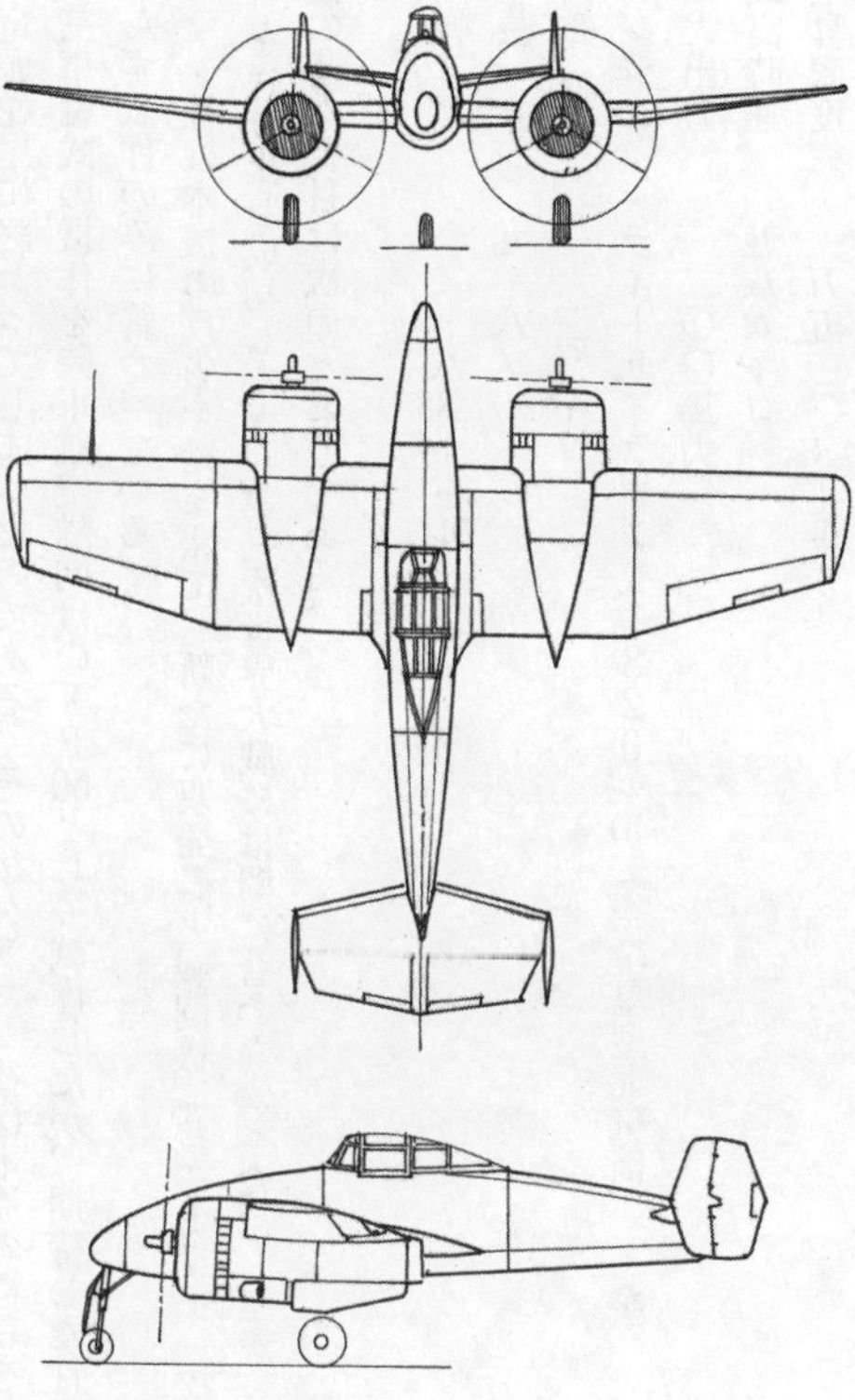

試作双発艦上戦闘機　グラマンXP50

れ以上の開発は中止されることになったのである。

グラマン社は本機に「スカイロケット」という呼称まで与えて前宣伝を行なったが、まったくの竜頭蛇尾に終わってしまったのである。その後グラマン社は本機の機首をさらに延長した、三車輪式の機体を陸軍航空隊向けのXP50として試作したが、期待した性能向上にはつながらず試作のみに終わっている。

グラマン社は本機の反省を踏まえて、新たに双発艦上戦闘機（後のF7F「タイガーキャット」）を送り出し成功したが、第二次世界大戦には間に合わなかった。

本機の基本要目は次のとおりである。

全幅	一二・八メートル
全長	九・八メートル
自重	三六三〇キロ
エンジン	ライトサイクロンR1820－40（空冷星型九気筒）二基
最大出力	一二〇〇馬力
最高時速	五八六キロ
上昇限度	一万五〇〇メートル
航続距離	一二五〇キロ
武装	二三ミリ機関砲二門または一二・七ミリ機関銃四梃

⑬試作艦上戦闘機 ベルＸＦＬ「エアラボニータ」

本機は高速艦上戦闘機を持たなかったアメリカ海軍が、苦肉の策として考え出した戦闘機である。一九三八年当時のアメリカ海軍の主力艦上戦闘機は複葉のグラマンＦ３Ｆ戦闘機で、単葉のブリュースターＦ２ＡやグラマンＦ４Ｆは実用審査の最中であった。そしてこの二機もとても高速戦闘機といえる機体ではなかった。

そこで海軍は高速艦上戦闘機として、すでに実用化の準備が進められていた陸軍航空隊の戦闘機、ベルＸＰ39（後の「エアラコブラ」戦闘機）を艦上戦闘機に改造して使う案を提示したのだ。そして一九三八年十一月に、海軍はベル社に対し同機を艦上戦闘機として運用するために必要な改造を命じたのであった。

ベル社は直ちにこの改造計画の作業に入ったのである。同機体を艦上戦闘機として運用するにはいくつかの改造が必要であった。その主なものは次のとおりである。

一、三車輪式の機体を艦上機向きに尾輪式に改造する。

二、尾輪式に改造するために、主翼中央の主桁付近に配置されていた主車輪を主翼前端方向に移動するために、両主翼の付け根付近に配置されていたオイルクーラー装置を両主翼主桁後方に移動し、主翼下面に露出させる。
三、胴体尾部下面に着艦用フックを取り付ける。
四、着艦時の視界確保のために操縦席を機首方向に若干移動させる。
五、着艦時の衝撃に耐えるために、主車輪を含め機体各部の補強を図る。
六、航続距離を確保するために主翼内に燃料タンクを増設する(このためにP39の主翼内に装備されている一二・七ミリ機関銃各一梃を撤去する)。

これらの改造が施されたXP39戦闘機は、一九四〇年五月に改造艦上戦闘機XFLとして完成し直ちに試験飛行が開始された。

しかし試験飛行の結果は海軍の期待を裏切るものであった。制式採用直前のブリュースターF2AとグラマンF4Fとの性能比較試験において、操縦性能はF2Aに多少勝るもののF4Fとは同程度で、上昇力や上昇限界高度はF4Fに劣り、航続距離はほぼ同程度、優れていたのは最高時速がF4Fに多少勝る、というものだった。

この結果に対する海軍の評価は、あえて艦上戦闘機として採用するメリットが見つけられず、また海軍が艦載機に液冷エンジン機を採用することに消極的であったことも加え、本機の艦上戦闘機としての採用は中止されたのである。

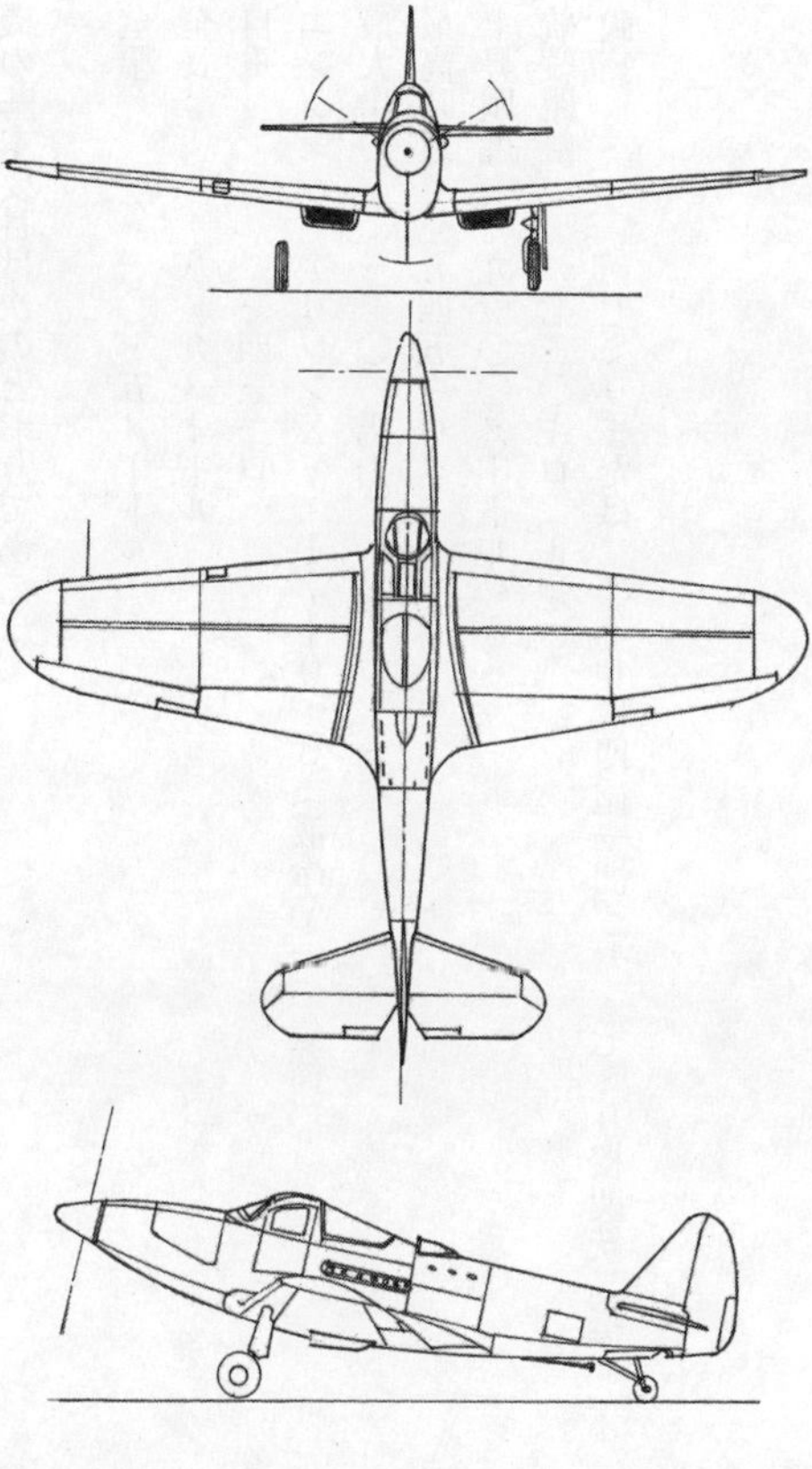

試作艦上戦闘機　ベルXFL「エアラボニータ」

日本海軍は本機が航空雑誌などで盛んに喧伝されていたこともあり、開戦時点まで本機がアメリカ海軍の主力艦上戦闘機として登場する懸念を抱いていたことは事実であった。

本機の基本要目は次のとおりである。

全幅　一〇・五メートル
全長　八・九メートル
自重　二三四三キロ
エンジン　アリソンXV－1710－6（液冷V一二気筒）
最大出力　一二〇〇馬力
最高時速　五四五キロ
上昇限度　九三〇〇メートル
航続距離　一七二〇キロ（正規）
武装　三七ミリまたは二〇ミリ機関砲一門、七・七ミリ機関銃二梃

⑭試作双発艦上戦闘機
ヴォートXF5U「フライングパンケーキ」

本機は航空母艦以外の狭い甲板からの離着艦も可能な、広範囲で使える艦上戦闘機として開発された機体である。双発の機体の平面の形状はまさに「甲虫」を思わせるものであり、従来の艦上戦闘機の概念を逸脱するスタイルの機体であった。

ヴォート社はこの戦闘機をもともと自社開発する計画であり、開発を前にして本機をスケールダウンした機体V－173を一九四〇年に試作し、一九四二年十一月に飛行に成功させている。この機体の総飛行時間は一三一時間に達し、その間に最低時速五〇キロから最高時速六五〇キロまで、安定した飛行に成功している。さらにこの機体に期待される空中停止や垂直離着陸にも成功しているのである。

ヴォート社はモデル飛行機の一連の試験結果を見て、本格的な特殊艦上戦闘機の設計を開始したのである。そして試作機を一九四五年八月に完成させた。

本機には常識的な飛行機としての主翼や尾翼が存在せず、単に円盤状の平面型の機体なのである。しかしこの特異な姿の機体はついに飛行することはなかった。ヴォート社はこの機体の開発に多くの時間をかけた。同社は本機の設計にあたり様々な試みを本機に付加し、試作機が完成したのは第二次世界大戦が終結した直後であった。

本機には特殊な形状のプロペラが必要であった。しかしその製作には長い時間を要することになり、その間試験飛行を行なうことができなかった。そしてプロペラが完成したのは終戦後一年を経過した一九四六年で、このとき海軍は本機のこれ以上の試作作業を中止していたのである。たとえ新機軸の設計であっても、今後期待される戦闘機や攻撃機はすべてジェットエンジンを装備するものが望まれ、当局もレシプロエンジン搭載の艦上機には、多くを期待することができないと判断していたのである。

その後プロペラは完成したものの結局、本機は一度も飛ぶことなく破棄されることになったのである。

本機の構造はあらゆる面で独創的であった。外観はコガネムシかカメムシを連想させるもので、操縦席は機体の中心線上の前端に置かれた。エンジンはターボ過給器付きの最大出力一三五〇馬力の空冷エンジン（プラット&ホイットニＰ&Ｗ Ｒ－２０００－２）が搭載されたが、このエンジンは操縦席の両側に配置され、エンジンの回転はギアと延長軸で結ばれ、主翼（?）の両側前端に取り付けられた大直径の特殊形状のプロペラを回転させるようになっていた。しかもこのプロペラは回転軸を九〇度上側に回し、ヘリコプターのような機能を果たすようになっていたのだ。

91　⑭試作双発艦上戦闘機　ヴォートXF5U「フライングパンケーキ」

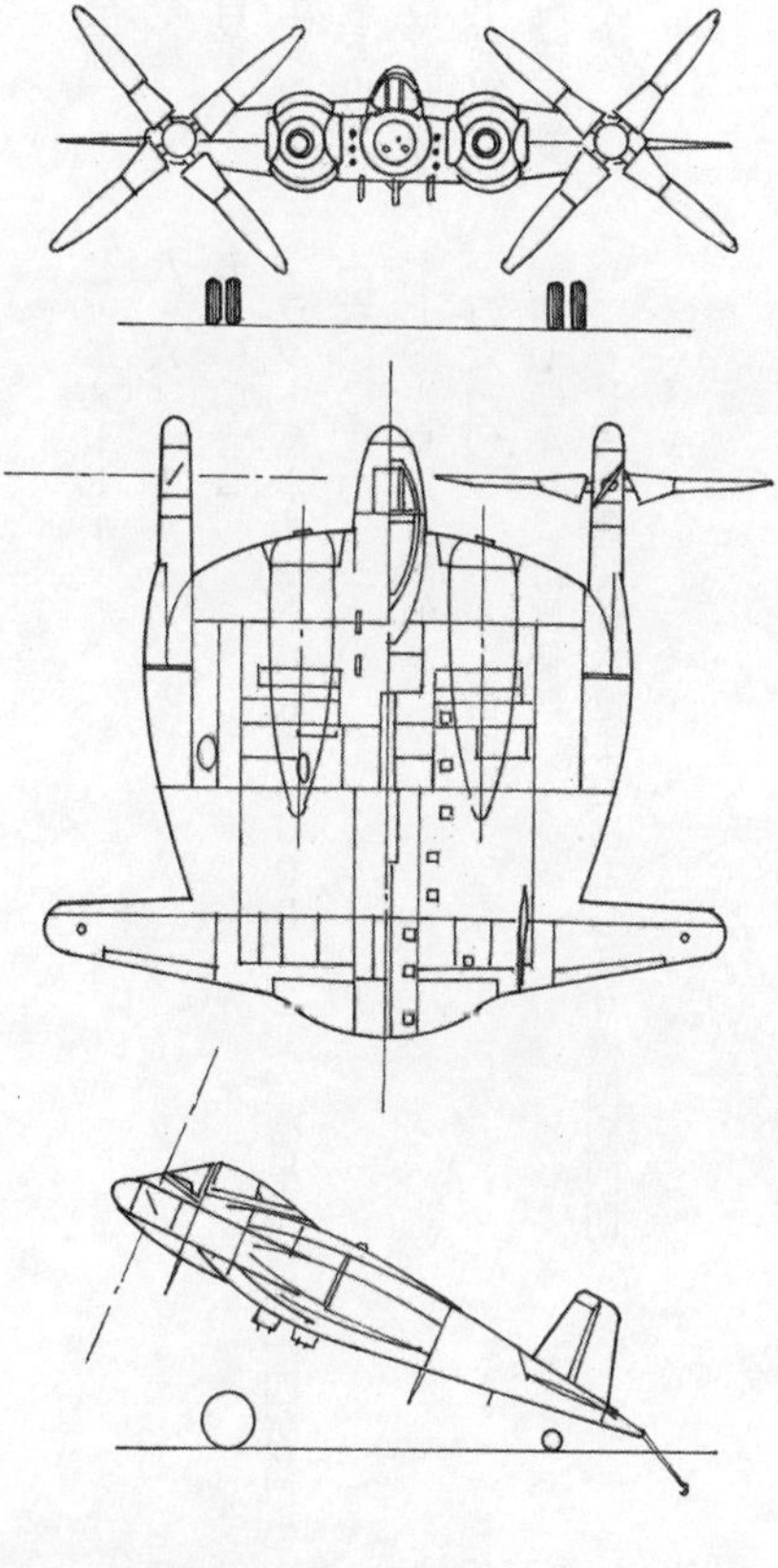

試作双発艦上戦闘機　ヴォートXF5U「フライングパンケーキ」

円盤状の主翼（？）の後端には小型の水平尾翼と垂直尾翼が配置され、降着装置は二本の主脚と二組の尾輪とから成っていた。

この機体が飛ぶ姿はぜひとも見たかったものである。本機の基本要目は次のとおりである。

全幅　七・二メートル
全長　八・六メートル
自重　五八〇〇キロ
エンジン　プラット&ホイットニR－2000－2（空冷星型複列一四気筒）二基
最大出力　一六〇〇馬力
最高時速　七七〇キロ（計画値）
上昇限度　一万六〇〇〇メートル（計画値）
航続距離　一四七〇キロ（計画値）
武装　一二・七ミリ機関銃六梃または二〇ミリ機関砲四門

⑮双発艦上戦闘機　グラマンF7F「タイガーキャット」

アメリカ海軍は一九四一年六月に、グラマン社に対し双発の艦上戦闘機の試作を命じた。グラマン社はすでに一九三八年に双発艦上戦闘機XF5Fの試作を独自開発で行なっており、試作機の初飛行に成功はしていた。しかし本機は新機軸の構想を盛り込みすぎ、結局は試作に終わることになった。

グラマン社は新しい双発艦上戦闘機の開発命令に対し、一転して極めてオーソドックスな設計思想での設計を始めた。ただいくつかの特徴を持った姿の機体には仕上げてあった。主翼は薄翼の直線仕上げとなり、胴体は極限まで細くし、直径の大きな二基のエンジンナセルの正面面積を補正する役目を果たしていた。そして降着装置は艦上機として初めて三車輪式を採用した。

試作機は一九四三年十一月に完成した。完成した機体はそれまでグラマン社が開発した艦上機とは、似ても似つかぬスマートな機体に仕上がっていた。

試作機のエンジンには最大出力一八〇〇馬力のライトサイクロンR－２６００－14が搭載された。そして試験飛行の結果は海軍を直ちに満足させるものであり、海軍は直ちに本機を制式採用し、量産の準備に入ることをグラマン社に命じたのである。

量産機はエンジンをより強力な、最大出力二一〇〇馬力の同じくライトサイクロンR－２８００－22Wが取り付けられた。このエンジン換装により最高時速は六八一キロを発揮し、上昇力は一分間一三三〇メートルという、単発戦闘機並みの優れた能力を示したのだ。

ただ本機は全幅一五・七メートルという同時期に運用されていた、全幅一六・五メートルのグラマンＴＢＭ「アヴェンジャー」艦上攻撃機とほぼ同等であった。当時のアメリカ海軍最大のエセックス級航空母艦で艦上戦闘機として扱うには大型に過ぎ、ましてや戦闘機でありながら大型機であるがゆえに搭載量に制限が発生する可能性が高く、海軍はやむを得ず本機を海兵隊の陸上基地運用の昼間戦闘機、あるいは夜間戦闘機として活用する方針を採ったのである。

そのために本機を複座にしてレーダーを装備する、夜間戦闘機型への改造をグラマン社に命じたのである。そして夜間戦闘機型の機体は早くも一九四四年四月に完成し、早速運用試験が開始されたが好評であった。結局本機の主力生産型は初期の少数の単座型を除き、すべてが複座で機首にレーダーを装備した夜間戦闘機として生産されることになったのである。

そして完成した夜間戦闘機で海兵隊航空隊の夜間戦闘機部隊の編成が開始され、その一部は太平洋戦争の最終段階で沖縄基地に送り込まれた。しかし出撃直前に戦争は終結したのであ

95　⑮双発艦上戦闘機　グラマンF7F「タイガーキャット」

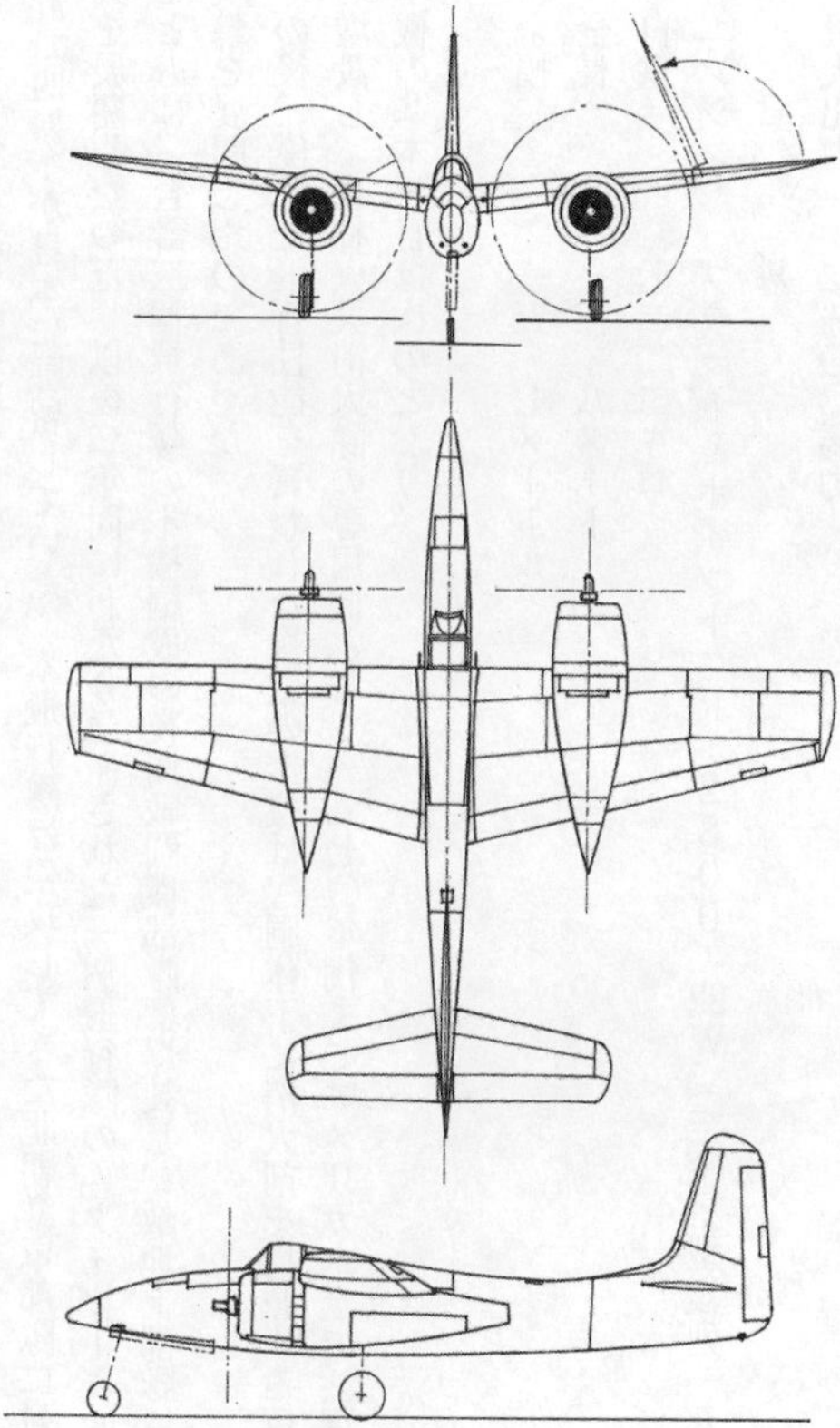

双発艦上戦闘機　グラマンF7F「タイガーキャット」

る。

一九五〇年六月に朝鮮戦争が勃発したとき、夜間戦闘機型の本機で編成された二個飛行隊（合計二四機）が日本に駐留していた。本飛行隊は侵攻してきた北朝鮮軍部隊に対し直ちに行動を展開したのだ。以後二年間にわたり急派された一個飛行隊の「タイガーキャット」部隊とともに、合計三個飛行隊の本機編成の夜間戦闘機部隊は爆装し、敵地上部隊に対する夜間攻撃を展開したのであった。

その後、優れた飛行性能を買われた複数の本機は、胴体下に消火剤を搭載する巨大なタンクを増設し、森林火災消火隊の専用機として一九七〇年代までアメリカ本土で活躍していた。

本機の基本要目は次のとおり。

全幅　一五・七メートル
全長　一三・八メートル
自重　七二二二キロ
エンジン　プラット＆ホイットニR－2800－22W（空冷星型複列一八気筒）二基
最大出力　二一〇〇馬力
最高時速　六八八キロ
上昇限度　一万一〇〇〇メートル

航続距離　二三八〇キロメートル
武装　二〇ミリ機関砲四門
爆弾九〇〇キロ

⑯艦上戦闘機　グラマンF8F「ベアキャット」

アメリカ海軍航空隊は太平洋戦争の勃発直後から、日本の零式艦上戦闘機の抜群の性能に翻弄され驚愕していた。とくにその軽快な運動性能に打ち勝つことができず、苦闘の日々が続いたのだ。しかし一九四二年六月に、アラスカのダッチハーバー攻撃に向かった日本の機動部隊から出撃した零式艦上戦闘機の一機が損害を受け、ダッチハーバーにほど近いアクタン島のツンドラ地帯に不時着した。機体は湿地帯への着陸に際しひっくり返った（搭乗員は戦死）状態となり、そのままの姿で発見された。この情報を受けたアメリカ陸海軍は直ちに調査隊を同地に派遣し、同時に機体の回収も行なったのである。そしてこの機体はアメリカ本国に持ち込まれ、飛行可能な状態に完全に修復されたのであった。

その後本機を実際に飛ばし、また機体の細部にわたる調査の結果、零式艦上戦闘機（日本の戦闘機の特性）の実態が暴かれることになったのである。小型、軽量、無駄のない設計など、多くの特性を分析したアメリカ、とくにアメリカ海軍は早速日本の戦闘機の特性を生かした設計の艦上戦闘機の試作を、一九四三年十一月にグラマン社に命じたのだ。

グラマン社は直ちに新型艦上戦闘機の設計に入ったが、グラマン社がめざした新型艦上戦闘機は軽量の機体に二〇〇〇馬力級のエンジンを搭載するという、思い切った設計思想の戦闘機であった。

試作一号機は早くも一九四四年八月に完成し直ちにテストが開始された。本機の設計思想は従来のアメリカ式戦闘機の設計思想を根底から覆すもので、それまでの余裕のある設計にともなう重量級の機体を強馬力のエンジンで強引に牽引するという方式とは異なり、贅肉の一切を切り落とした無駄のない軽量の機体に高馬力のエンジンを搭載するという方式が採用されていた。その飛行性能は既存の最新のグラマンF６F艦上戦闘機に比較しても、その運動性や操縦性、さらに速力や上昇率などは格段に優れたものになっていた。

海軍は直ちに本機の量産を命じた。そして早くも一九四五年二月には量産型の一号機が完成するというハイスピードの開発だったのである。

試作命令から量産機の完成までわずか一年三ヵ月というこの短期間の戦闘機開発はまさに驚異的であった。一九四五年五月には実戦部隊への機体引き渡しが開始され、一部の母艦搭載航空隊ではグラマンF６Fから本機への機種変更が終わり、完熟訓練が開始されていたのである。

しかしこの部隊が太平洋戦争に参戦する機会はなかった。この時期（一九四六年～一九四八年）は艦上戦闘機のジェット戦闘機化が進められていたが、当時のジェットエンジンの不具合や燃料消費量が多いことから、ジェット艦上戦闘機を全面的に運用するということに対しアメリカ海軍は躊躇していた時期でもあった。

このために本機は戦争終結後としては異例の量産が続けられ、一九四七年末までに合計一二〇〇機以上が量産され、空母部隊の艦上戦闘機の主力として配備されていたのだ。そして本機は一九四九年までジェットエンジン推進の艦上戦闘機（グラマンF9FやマクダネルF2H）に交じってアメリカ海軍空母部隊で運用されていたのであった。

しかし一九四九年末までには本機が配置された艦載戦闘機部隊ではほとんどがグラマンF9F「パンサー」ジェット艦上戦闘機に置き換えられ、退役していったのである。

一九五〇年（昭和二十五年）六月に朝鮮戦争が勃発したとき、太平洋水域に配置されていたエセックス級航空母艦の戦闘機はすべてグラマンF9F「パンサー」ジェット戦闘機に置き換えられたばかりで、F8Fがこの戦争に参戦する機会は訪れなかったのである。ただ未確認ながら本戦闘機の偵察機型（F8F－2P）が作戦行動に参加したとの情報もある。

余剰の多い本機はその後、フランス空軍や同海軍、また南ベトナム空軍などに供与され、仏印戦争に投入され、その多くが地上攻撃に使われた。

なお本機はその高性能から一九五〇年代以降、多くが民間に払い下げられ高速競争機として記録をにぎわし、また一九四八年頃まで本機の優れた操縦性能を活かし、アメリカ海軍の曲技飛行チーム「ブルーエンジェルス」の使用機として活躍していた。

本機の基本要目は次のとおり（カッコ内はグラマンF6F）。

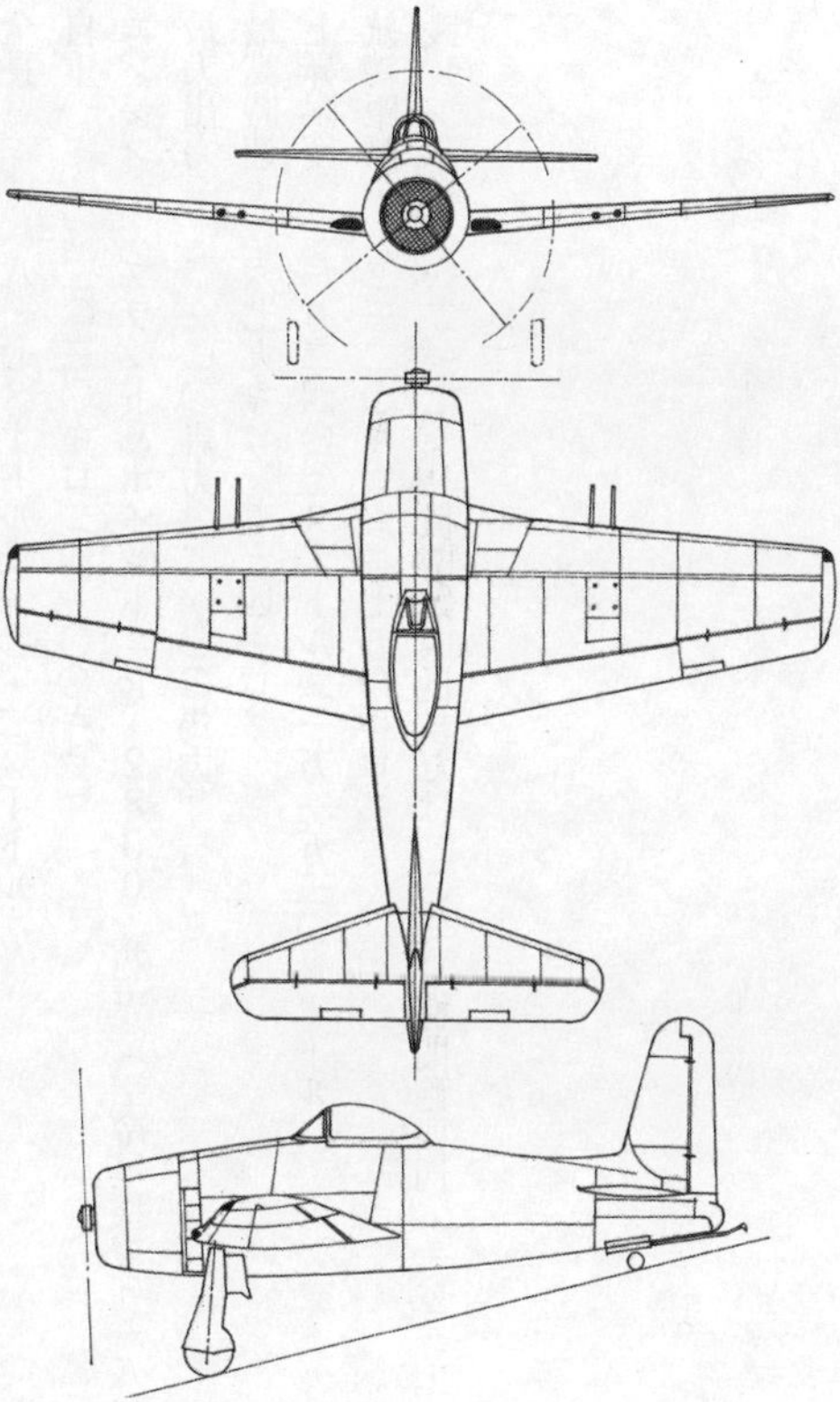

艦上戦闘機　グラマンF8F「ベアキャット」

全幅　一〇・八メートル（一三・〇メートル）
全長　八・七メートル（一〇・二メートル）
自重　三〇三〇キロ（四一〇〇キロ）
エンジン　プラット&ホイットニR－2800－22W（空冷星型複列一八気筒）
最大出力　二一〇〇馬力（二一〇〇馬力）
最高時速　六七九キロ（五九四キロ）
上昇限度　一万二四〇〇メートル（一万一五三〇メートル）
航続距離　二三二〇キロ（一七五〇キロ）
武装　一二・七ミリ機関銃四梃または二〇ミリ機関砲四門（一二・七ミリ機関銃六梃）

⑰試作艦上長距離戦闘機　ボーイングXF8B

アメリカ海軍はミッドウェー海戦に勝利した後、今度は空母機動部隊による日本本土攻撃計画を推進していた。ただこの作戦を実行するにあたっては、日本本土を攻撃する際に、日本の戦闘機の行動半径外から攻撃部隊を出撃させるものとし、海軍は長距離艦上攻撃機と長距離艦上戦闘機の試作を至急に進めることにしたのである。

一九四三年五月、アメリカ海軍はボーイング社に対し長距離援護戦闘機の試作を命じた。ただこの戦闘機には攻撃能力を持たせ、戦闘攻撃機として運用する考えがあった。爆弾を搭載し、攻撃後に戦闘機として活動させようとする考えであった。この考えは後に日本陸軍でも構想され、爆弾を搭載し攻撃終了後に戦闘機としての機能を持たせようとするもので、実際に陸軍は川崎航空機に対し試作を命じたのである（本機は戦闘爆撃機キ119として具体的な設計に入ったが、試作前に終戦を迎え実現することはなかった）。

海軍がボーイング社に提示した内容は、空中戦、急降下爆撃、水平爆撃を一機でこなせるという過酷なものであった。この要求に対しボーイング社は当時試作中であった最大出力三〇〇〇馬力級のエンジン（プラット＆ホイットニＸＲ－４３６０－10）を搭載する、全幅一六・五メートル、全長一三・二メートル、自重六トンという超巨大単発艦上戦闘機の開発を進めることにしたのであった。

そして試作機三機を一九四四年十一月に完成させ、試験飛行が開始された。しかしその結果は懸念されていたとおり、単発戦闘機としてはあまりにも大型で軽快性に欠け、強力エンジンの燃料消費量が予想を大幅に超えるものとなっていた。

そこで海軍は本機を攻撃・爆撃専用機として開発する計画に変更したが、すでにダグラス社など数社が同じ目的の新しい機体の試験を開始しており、新たな機体は不要と判断され、この巨大戦闘機の開発計画は中止されることになった。

本機の基本要目は次のとおり。

全幅	一六・五メートル
全長	一三・二メートル
自重	六一二〇キロ
エンジン	プラット＆ホイットニＸＲ－４３６０－10（空冷星型複列二四気筒）
最大出力	三〇〇〇馬力
最高時速	六九五キロ

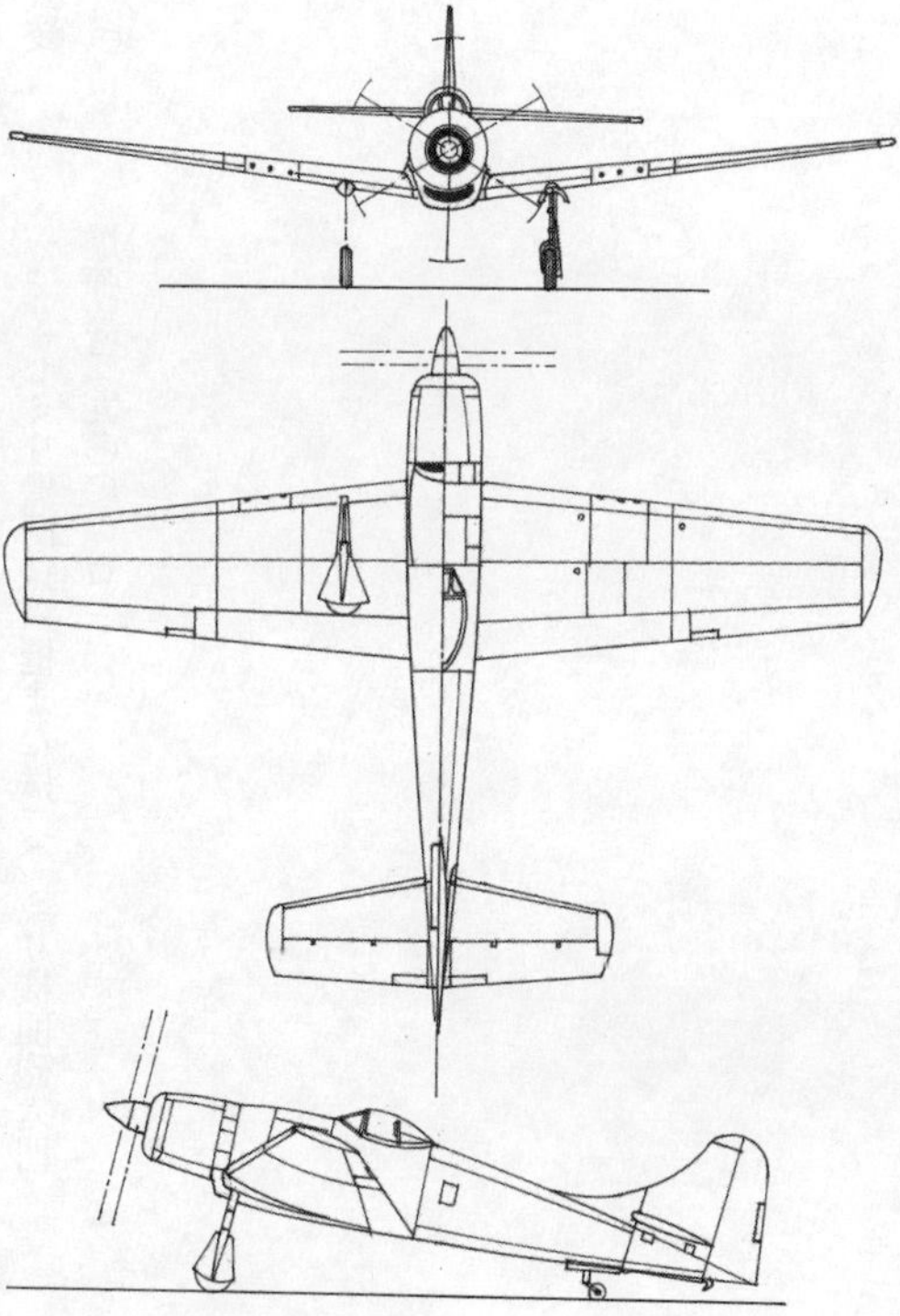

試作艦上長距離戦闘機　ボーイングXF8B

上昇限度　一万一五〇〇メートル
航続距離　二一〇〇キロ（正規）
武装　一二・七ミリ機関銃六梃または二〇ミリ機関砲六門
爆弾等二九〇〇キロ

⑱試作艦上高々度迎撃戦闘機　カーチスＸＦ14Ｃ

カーチスＸＦ14Ｃ試作高々度迎撃戦闘機は、伝統的に艦上戦闘機に空冷エンジンを採用していたアメリカ海軍が陸上戦闘機に倣って、初めて液冷エンジン付き艦上戦闘機として試作を開始した機体であった。

アメリカ海軍は一九四一年六月にカーチス社に対し、液冷エンジン付き艦上戦闘機ＸＦ14Ｃの試作を命じた。しかし搭載が予定されていたライカミングＸＨ２４７０液冷エンジン（水平二四気筒、最大出力二二〇〇馬力）の開発が難航し、結局この計画は破棄されることになった。

このとき海軍では二〇〇〇馬力級のエンジンを搭載したグラマンＦ６Ｆの開発が進められており、ほぼ完成の域に達していたのだ。やはり空冷エンジン付き戦闘機の伝統は守られたのである。

この時点で海軍は空母部隊を高々度から襲撃して来る爆撃機の迎撃のために、艦上高々度戦闘機の開発を計画していたのであった。この課題に対し海軍は、ターボ過給器付きのライトサイクロンXR3350空冷エンジン付きの高々度艦上迎撃戦闘機の開発をスタートさせたのである。このエンジンはまだ試作段階にあったが、最大出力二三〇〇馬力を発揮するものとされていた。

海軍はカーチス社にXF14Cをこの高々度用エンジン付きの機体として再度、開発を進めるよう指示したのである。

カーチス社は海軍の要求に対し、この大馬力エンジンを搭載するために本機のプロペラを三枚ブレードの二重反転式コントラプロペラとして再設計したのである。

しかし大馬力エンジンの重量は重く、またコントラプロペラの採用など装備の重量過多が続き、機体重量は当時すでに実戦配備についていたグラマンF6F艦上戦闘機よりも自重が七〇〇キロも増加し、設計値どおりの性能を発揮できるか否か疑問視されていたのだ。

試作機は一九四四年七月に完成し試験飛行が開始されたが、大馬力エンジンのトラブルが続き、さらに機体の重量過多のために予定どおりの性能を発揮することが不可能となったのである。最高速力は計画値の時速六八二キロに対し、六四〇キロを発揮するのが精一杯の状況で、飛行性能も相応に芳しいものではなかったのだ。

この当時、空母部隊が高々度から攻撃を受ける可能性はほぼなくなっており、本機の試作作業はここで中止となったのであった。

本機の基本要目は次のとおり。

 ⑱試作艦上高々度迎撃戦闘機　カーチスXF14 C

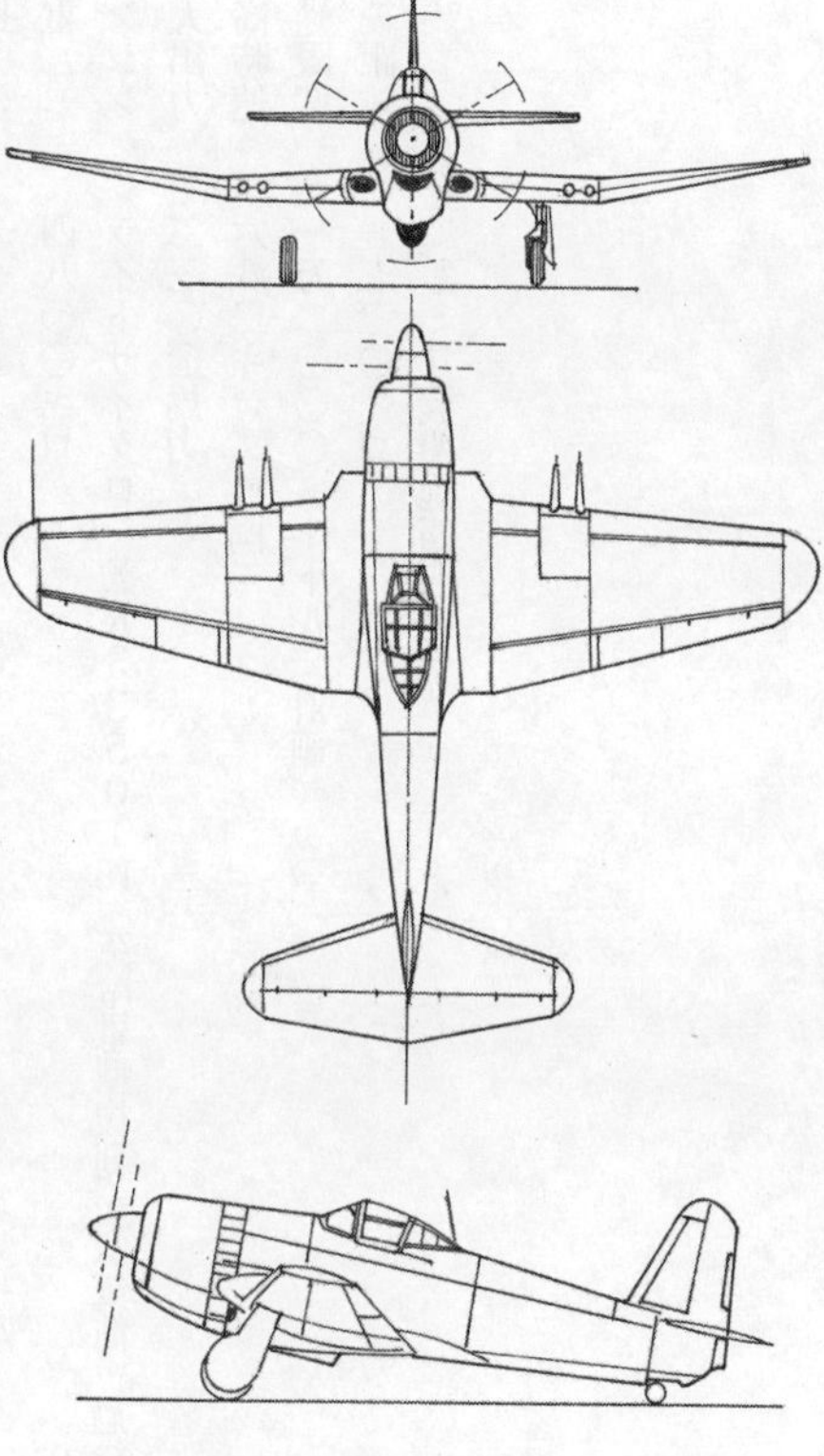

試作艦上高々度迎撃戦闘機　カーチスXF14C

全幅　一二・二メートル
全長　一一・五メートル
自重　四八〇〇キロ
エンジン　ライトサイクロンXR3350-16（空冷星型複列一八気筒：過給器付き）
最大出力　二三〇〇馬力
最高時速　六八二キロ（計画）
上昇限度　一万二〇〇〇メートル（計画）
航続距離　一五三〇キロ
武装　二〇ミリ機関砲四門

⑲艦上戦闘機　ライアンFR「ファイアボール」
試作艦上戦闘機　XF2R「ダークシャーク」

アメリカのジェットエンジンの歴史はイギリスやドイツに比較して遅い。一九四一年に開催されたアメリカとイギリス両国の軍事定期技術連絡会議の際に、イギリスは自国開発のジェットエンジン（パワージェットW1）を紹介した。アメリカはこのときイギリス側から提供されたエンジンの実物と、このエンジンに関わるすべての資料と図面をジェネラルエレクトリック社に送り込み、このW1ジェットエンジンのコピーの製作を命じたのである。そして早くも同年中にコピーエンジンG1を試作したのである。

アメリカ陸軍航空本部はこのエンジンのテストを開始し、幾多の改良を加え翌一九四二年にアメリカ最初の国産ジェットエンジンG3を完成させたのだ。そして一九四三年にはこのG3の製造を開始したのである。

このG3エンジンは一九四五年までに合計二四一基が生産され、アメリカが初期に開発したジェット戦闘機のエンジンとして採用されたのだ。しかしこのジェットエンジンの推力は六三〇キログラムと非力であった。事実このエンジン二基を搭載したアメリカ最初のジェット戦闘機ベルXP59の最高時速は七〇〇キロにも達せず、上昇力などはノースアメリカンP51「マスタング」戦闘機より劣るものであったのだ。

ジェネラルエレクトリック社はこのG3エンジンの改良を続け、一九四四年初めには推力九一〇キログラムのJ31－GE3を開発し生産を開始した。そしてXP59戦闘機にこのエンジンを搭載して性能の向上を図り、合計六六機の量産も行なったのである。しかしこのエンジンを備えた改良型のP59ジェット戦闘機の性能は、まだ「マスタング」戦闘機にはおよばなかったのである。

太平洋戦線の後半から展開されたアメリカ軍の中部・西部太平洋戦域での侵攻作戦では、護衛空母に搭載されたグラマンF4F「ワイルドキャット」艦上戦闘機が上陸作戦の支援攻撃で大活躍した。小回りの利くこの小型の戦闘機は護衛空母で扱うには最適であったのである。しかしこの機体はすでに旧式化しており、最大速力や上昇力で日本の戦闘機に対し劣勢を示していた。

アメリカ海軍は旧式化したF4F戦闘機に代わる、護衛空母でも運用できる新しい艦上戦闘機の至急の開発をライアン社に命じたのである。このとき海軍の提示した内容には新しい動力であるジェットエンジンの活用も組み入れられていたのである。

ライアン社は直ちに新型戦闘機の試作を開始したが、この機体には通常のレシプロエンジンの他にジェットエンジンも搭載し、複合動力式艦上戦闘機として開発することにしたのである。これは巡航時にはレシプロエンジンを使い、戦闘時にはジェットエンジンも作動させ高速力と優れた上昇力を引き出そうとしたのである。

この時期、開発陣や生産能力に余裕のあったライアン社の対応は素早かった。一九四四年六月には早くもこの複合動力の試作機を完成させたのであった。XFR艦上戦闘機である。そして試験飛行の結果は海軍を完全に満足させるもので、海軍は直ちにライアン社に本機の量産命令を出したのだ。

量産機のレシプロエンジンには実績と信頼性の高い、最大出力一四二五馬力のライトサイクロンR1880エンジンが搭載され、ジェットエンジンには推力七二七キログラムのジェネラルエレクトリックJ31-GE3が搭載された。

機体の寸法は全幅一二・二メートル、全長九・八メートルと、当時の第一線艦上戦闘機であるグラマンF6F「ヘルキャット」戦闘機より幾分小型であった。しかしその構造には多くの特徴があった。

本機のジェットエンジンは胴体の操縦席直後に搭載され、エンジン用の空気取り入れ口は両主翼の付け根前方に開かれていた。そしてジェットエンジン排気口は機尾に小さく開かれていた。またジェットエンジンの高温の排気ガスから飛行甲板を保護するために、降着装置は三車輪式となっていた。飛行中に両エンジンを同時に作動させた場合の最高時速は六八五キロに達し、上昇力は六〇〇〇メートルまでの上昇時間は五分二五秒と、既存のいかなるアメリカの艦上戦闘機より高速かつ俊敏であることが証明されたのである。

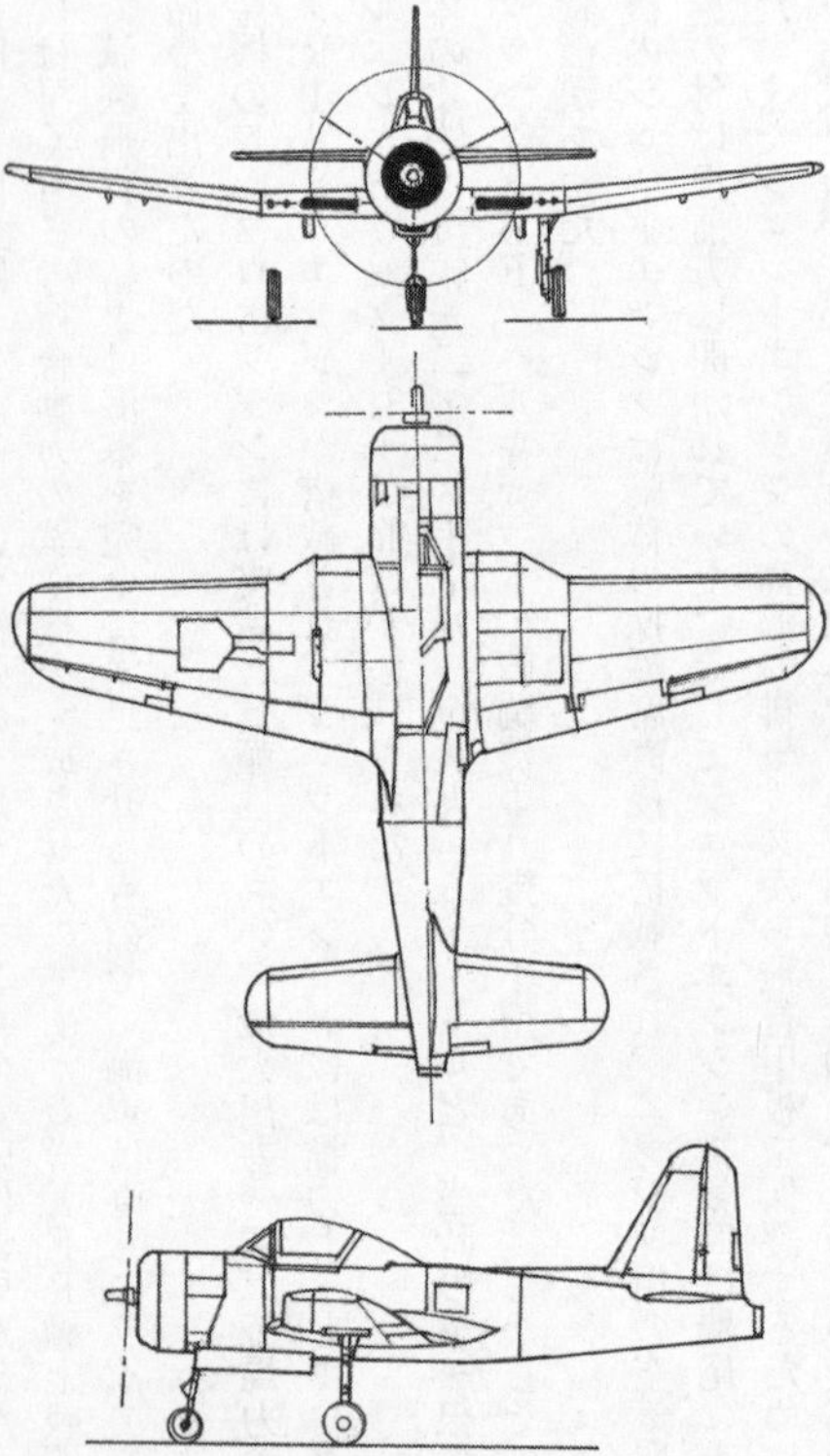

艦上戦闘機　ライアンFR「ファイアボール」

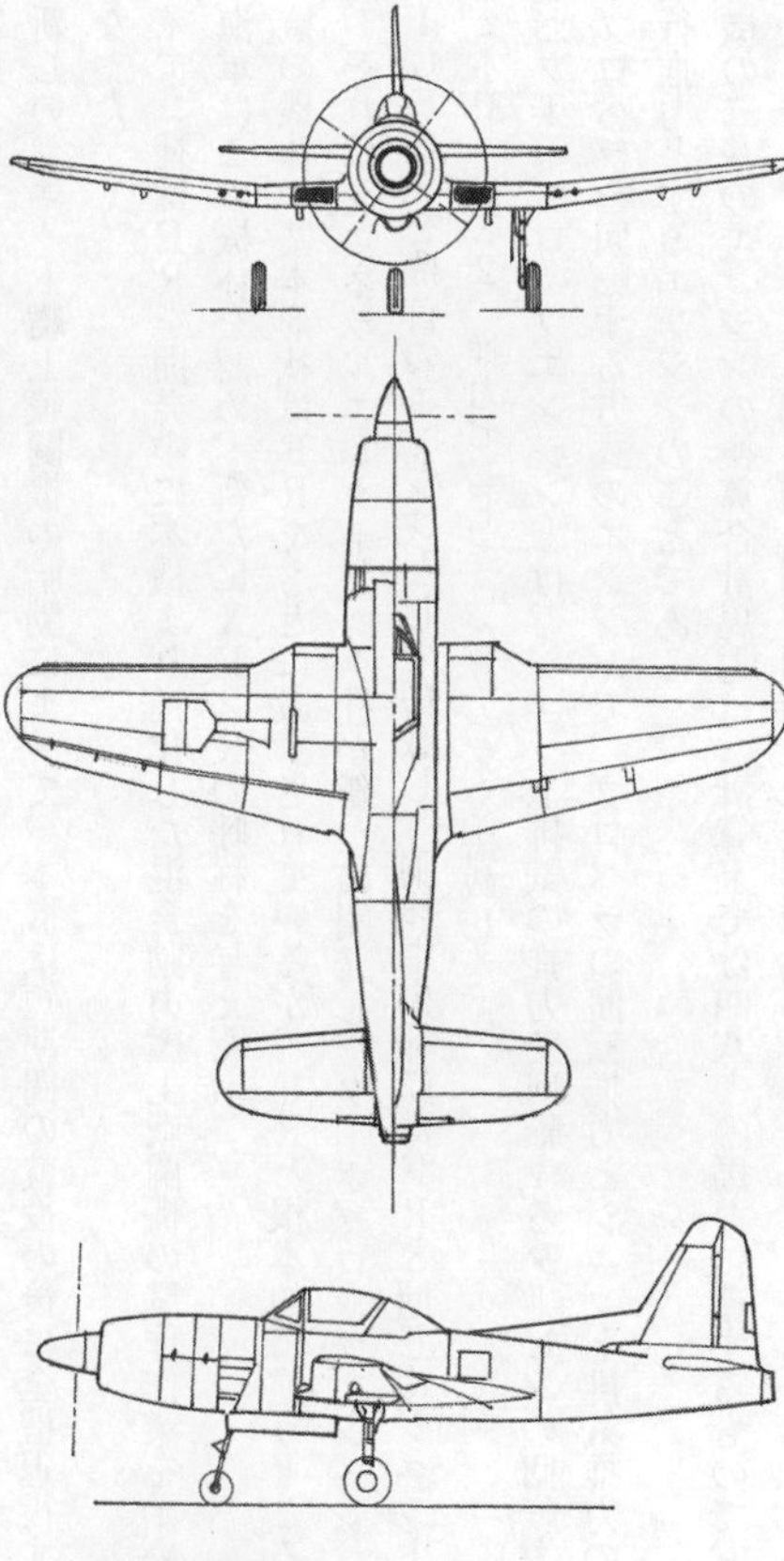

試作艦上戦闘機　ライアンXF2R「ダークシャーク」

海軍はライアン社に対し一九四五年一月に本機一〇〇〇機の生産を命じた。しかし合計六六機が生産された時点で戦争は終結し、本機の量産命令は取り消されたのである。その後本機で編成された数個飛行隊が正規空母の戦闘機隊として配置されたが、グラマンF8F戦闘機や新しいジェット艦上戦闘機の胎動によって、本機は短期間の就役の後に全機退役することになった。

ライアン社はFRを開発中に本機より進化した混合動力艦上戦闘機の試作作業を始めていた。海軍はこの機体を認め、新たにXF2Rの呼称を与えた。

本機の機体の基本形状はFRをもとに設計されているが、FRと根本的に違うところがあった。それはジェネラルエレクトリック社が新たに開発したターボプロップエンジン（XTB－1GE2）を機首のエンジンとして搭載し、胴体中央部にはFRと同じくジェットエンジン（J31－GE2、推力七二七キログラム）を搭載した。

なおターボプロップエンジンとは、ジェット排気の推力で回転するタービンの回転力で機首のプロペラを回転する方式のエンジンで、プロペラの回転推力とジェット排気推力の双方を飛行推力とするエンジンのことである。

本機の二基のエンジンの換算合計馬力は、計算上では四八〇〇馬力に達するもので、相当な高性能を発揮する艦上戦闘機として期待されたのである。

本機の試作機が完成したのは一九四六年十一月で、試験飛行中に両エンジンを駆動させて行なわれた速度試験では、最高時速八〇五キロを記録し、上昇力は一分間に一四五五メートルという高性能ぶりであった。

この頃海軍ではすでに純ジェットエンジン推進の数種類の艦上戦闘機の試作と試験飛行が続けられていた。その結果と比較すると、本機の高性能ぶりも新しいジェットエンジン推進の戦闘機にはかなわなかったのである。結局本機のそれ以上の開発は中止されることになったのである。なおこのXF2R試作機は全体を黒色に塗装されており、非公式ながら「ダークシャーク」という愛称がつけられていた。

XFRの基本要目は次のとおりである。

全幅	一二・二メートル
全長	九・八メートル
自重	三六〇〇キロ
エンジン	ライトサイクロンR－1820－72W（空冷星型複列一四気筒） ジェネラルエレクトリックJ31－GE3（ターボジェットエンジン）
最大出力	一四二五馬力および推力七二七キログラム
最高時速	六八五キロ
上昇限度	一万三〇〇〇メートル
航続距離	二三〇〇キロ（最大）
武装	一二・七ミリ機関銃四梃

⑳試作艦上戦闘機　カーチスXF15C

アメリカ海軍は第二次世界大戦末期に前記のライアンFRとともに、もう一種類の混合動力艦上戦闘機の開発を進めていた。それがカーチスXF15C艦上戦闘機である。

アメリカ海軍は当初、ジェットエンジンの艦上機に対して消極的な姿勢を示していた。それは作戦行動範囲が広大な海洋であるため、まだ不安定なジェットエンジンを積極的に艦載機のエンジンとして採用することには否定的にならざるを得なかったのである。また初期のジェットエンジンは燃料消費量が多く、必然的に航続距離が短くなり、海上作戦には不利と判断していたためであった。

海軍が艦載機に混合動力式の戦闘機を検討したのは、燃料消費量の多いジェットエンジンは空戦時に稼働させ機体の運動性を高め、巡航時には燃料消費量の少ないレシプロエンジンを用いるという考えを持っていたためであった。

海軍はカーチス社に対し混合動力艦上戦闘機の試作を命じた。ただ海軍がカーチス社に対

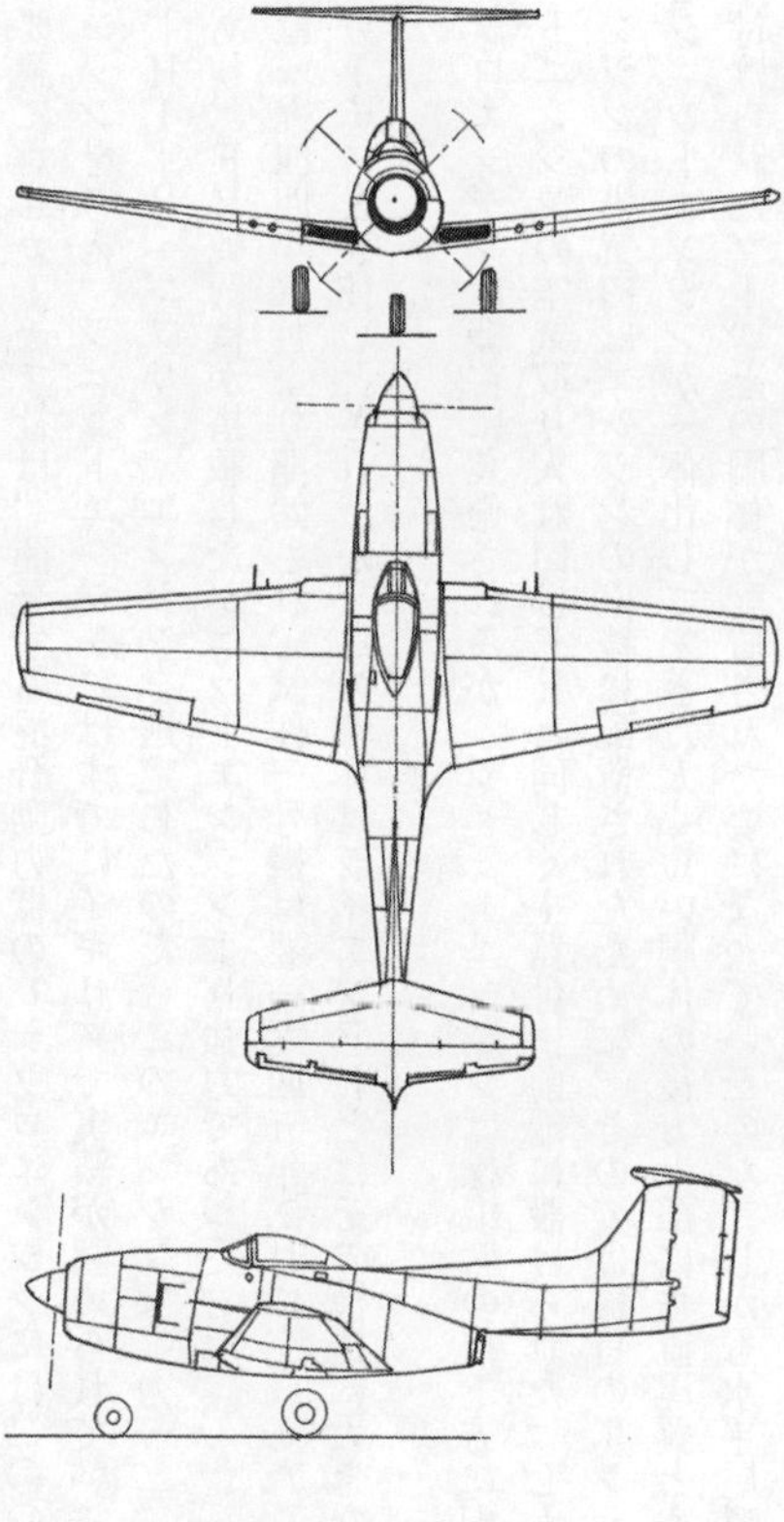

試作艦上戦闘機　カーチスXF15C

して求めた艦上戦闘機は、護衛空母での運用を目的としたライアンFRと異なり、正規の大型航空母艦での運用を前提とする機体であった。つまり多少の大型化は認めるというものであった。

この要請に対しカーチス社は、開発する混合動力機のレシプロエンジンには二〇〇〇馬力級のエンジンを考え、ジェットエンジンにはすでにイギリスで実績が認められているデ・ハビランドH1-B「ゴブリン」エンジンを選定したのだ。このエンジンは推力一二二五キログラムあり、FR戦闘機が搭載したジェットエンジンより強力であった。

試作は一九四四年八月より開始され、試作一号機は翌一九四五年二月に完成した。機体の呼称はカーチスXF15Cとされたが、この機体はライアンFRとはその構造に大きな違いがあった。

レシプロエンジンは機首に装備されるが、ジェットエンジンは操縦席の後下方に配置され、ジェットエンジンの空気取り入れ口はFRと同じく主翼付根前端に設けられた。しかしジェットエンジンの排気口はエンジンの直後に配置されたために、その姿は機首のエンジンと操縦席とジェットエンジンが一体化してできた太く短い胴体の後方上部に垂直尾翼と水平尾翼が取り付けられたブーム上の胴体が配置された姿になっていたのだ。しかも水平尾翼は後に垂直尾翼の頂部に配置され、尾翼はT字型の配置であった。そして当然のことながら降着装置は三車輪式となっていた。

試作機は三機が造られ、一九四五年二月に初飛行が行なわれた。ただ一号機は試験飛行中に墜落して失われている。

XF15Cが試験を継続していた一九四六年頃には、海軍は当初の懐疑的な姿勢から、ジェット艦上戦闘機の導入の本格的な検討を始め、すでにノースアメリカンXFJ、ヴォートXF6U、グラマンXF9X、そしてマクダネルXF2Hなどの試作と試験飛行を推進していたのだ。

そしてこれらの新しい純ジェットエンジン推進の艦上戦闘機の評価が高まるにしたがい、海軍は複雑な操作を必要とする混合動力機に対する興味を失っていったのである。そして一九四七年初めに、斬新な構想の機体と考えられていたカーチスXF15Cは、海軍の検討対象外の機体に指定され、それ以上の開発は中止されたのであった。

本機の基本要目は次のとおりである。

全幅　一三・四一メートル
全長　一四・六三メートル
自重　五七二〇キログラム
エンジン　プラット&ホイットニR2800-34W（空冷星型複列一八気筒）
　デ・ハビランドH1-B「ゴブリン」
最大出力　二一〇〇馬力および推力一二二五キログラム
最高時速　八〇五キロ

上昇限度　一万二七〇〇メートル
航続距離　二三二〇キロ（最大）
武装　二〇ミリ機関砲四門

第二章　イギリス

イギリス空軍は一九三七年頃まで、主力戦闘機には多くの複葉戦闘機が含まれていた。しかしホーカー「ハリケーン」やスーパーマリン「スピットファイア」などの単葉戦闘機が新たに開発されることにより、第二次世界大戦勃発時点ではかろうじて単葉戦闘機主体の戦闘機部隊が編制される状態になっていた。しかしホーカー「ハリケーン」戦闘機は早くも旧式化した戦闘機の評価を受けており、新たな単葉戦闘機の開発が急務の状態になっていたのだ。また艦上戦闘機も日米のそれに比較し、性能的にも機能的にも格段の見劣りがあった。

艦上戦闘機については開発が進められていたが満足できる機体には程遠く、当面の対策として陸上戦闘機を艦上戦闘機として運用するという、苦肉の対策を講じるほどであった。

一方の陸上戦闘機は「スピットファイア」戦闘機の改良に次ぐ改良で戦争終結時点までしのぎぬいたが、期待される高性能制空戦闘機の完成は戦争終結の間際になっており、時代はすでにレシプロ戦闘機からジェット戦闘機の時代に移行しようとする段階に入っていたのであった。

①試作双発戦闘機　グロスターF9／37

イギリス空軍は一九三七年にグロスター社に対し双発単座戦闘機の開発を命じた。双発単座戦闘機の開発を依頼したイギリス空軍の真意は不明であるが、当時は世界的に双発戦闘機開発ブームが起きていたこととも無縁ではないようである。

グロスター社はこの要請を受け入れ直ちに設計・試作を開始し、一九三九年四月に一号機、翌一九四〇年二月に二号機を完成した。この二機はそれぞれ別々のエンジンを搭載していた。一号機は空冷で最大出力一〇五〇馬力のブリストル・センTーラスTE／1エンジンを搭載し、二号機は最大出力八八五馬力の液冷エンジン、ロールスロイス・ペリグリンを搭載した。

一号機は試験飛行中に墜落して失われ、二号機はエンジントラブルが頻発し試験飛行ができない状態であった。このために本機の試作はこの段階で中止となったのである。その理由は、当時グロスター社はイギリス最初のジェットエンジン推進の戦闘機の開発で多忙を極めており、この双発戦闘機の試作作業を切り上げ、ジェットエンジン推進戦闘機の開発に注力させようとするイギリス空軍の配慮があったためとされている。

しかしこの判断には惜しまれる要素が存在したのである。テストパイロットの評価によれば、空冷エンジンを搭載した試作一号機の飛行性能は、単発戦闘機と同等またはそれ以上の性能を発揮しており、単発戦闘機との空戦でも常に優位を得られるほどで、量産され実戦部隊に配備される可能性は十二分に持っていたと評価されていたのである。

本機の機体の構造は極めて平凡な全金属構造で、目新しいものは何も見られなかったが、それだけに本機は大量生産に向いていた機体であったとされているのである。本機の外観上の最大の特徴は尾翼が双垂直尾翼である、ということぐらいであった。

なお武装は二〇ミリ機関砲二門と七・七ミリ機関銃四梃を機首に装備する計画であった。空軍は本機のエンジンを安定した性能が出せるロールスロイス・マーリンエンジンに換装し、複座の夜間戦闘機として開発する計画も持っていたが、グロスター社の状況を踏まえて断念したいきさつがある。

本機（一号機）の基本要目は次のとおりである。

全幅　一五・二五メートル
全長　一一・三メートル
自重　三四五〇キロ
エンジン　ブリストル・セントーラスTE／1（空冷星型複列一四気筒）二基

127　①試作双発戦闘機　グロスター F9／37

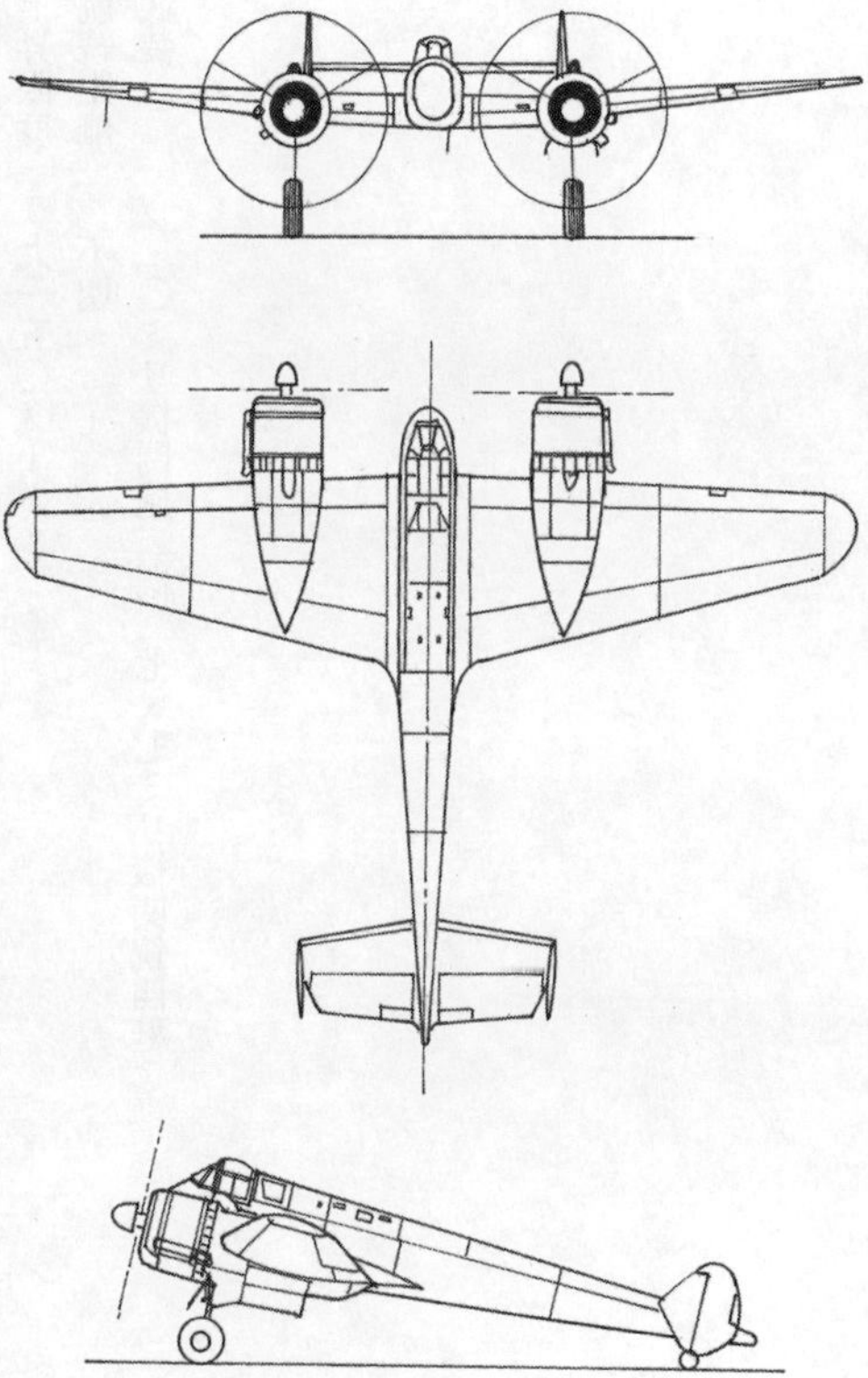

試作双発戦闘機　グロスターF9／37

最大出力　一〇五〇馬力
最高時速　五七六キロ
上昇限度　九一五〇メートル
航続距離　不明
武装　二〇ミリ機関砲二門、七・七ミリ機関銃四梃

②試作単座戦闘機　マイルズM20

第二次世界大戦勃発から十ヵ月後の一九四〇年六月に、マイルズ社（当時はフィリップ・ホウイス社と呼ばれていた）は、「スピットファイア」戦闘機や「ハリケーン」戦闘機の絶対的な不足を至急に補充するための、急速量産型単座戦闘機の試作と量産方法を空軍省に提案した。

空軍省はこの提案を直ちに採用し、量産型戦闘機の試作を同社に命じたのだ。同社は当時は練習機などの小型機の設計・生産を展開しており、小型機に関しては精通していたために、空軍省の命令にしたがい直ちに急速開発戦闘機の設計を進めたのである。そして設計開始からわずか六五日後の八月末には、試作一号機の試験飛行を行なうという離れ業をやってのけたのだ。

当時のイギリスはまさに「バトル・オブ・ブリテン」の真っ最中で、一機でも、一刻でも早く戦闘機が必要であったときだった。

本機の設計には同社開発で量産中のマイルズ「マスター」練習機の部品の一部が転用されており、実機の完成を急ぎまた簡単な構造にするために、引き込み脚は採用せず小型の固定車輪が採用されていた。また機体の材料は木金混合となっており、補助翼や方向舵などは羽布張りを採用した。そして本機の外観上の最大の特徴は、コックピットが全周視界の水滴風防が採用されたことであった。

本機のエンジンには「スピットファイア」戦闘機や「ハリケーン」戦闘機で実績のある、液冷一二気筒のロールスロイス・マーリン20エンジンが搭載された。

試験飛行は同年九月より開始されたが、その性能は現有の二種の戦闘機と優劣をつけがたいほど優れたものであった。しかし試験飛行が続けられていた一九四〇年十一月、バトル・オブ・ブリテンの空の激闘はイギリスの勝利で終結したのだ。また一方、懸命の努力の結果、「スピットファイア」戦闘機の量産も軌道に乗り、同機は充足されだしたのである。このために新しい戦闘機の必要性はなくなり、せっかくの優秀戦闘機もその開発の目的は急激にしぼんでしまったのである。また本機が固定脚であるというハンディが、本機の将来性を薄めてしまったのであった。

結局本機は、以後予想されるドイツ空軍機との空戦の展開を考えたときに、いずれは本機の劣勢は目に見えるものと考えられ、当座の必要性を満たすだけの戦闘機として、本機の制式採用は見送られることになったのであった。

本機の基本要目は次のとおり。

131　②試作単座戦闘機　マイルズ M20

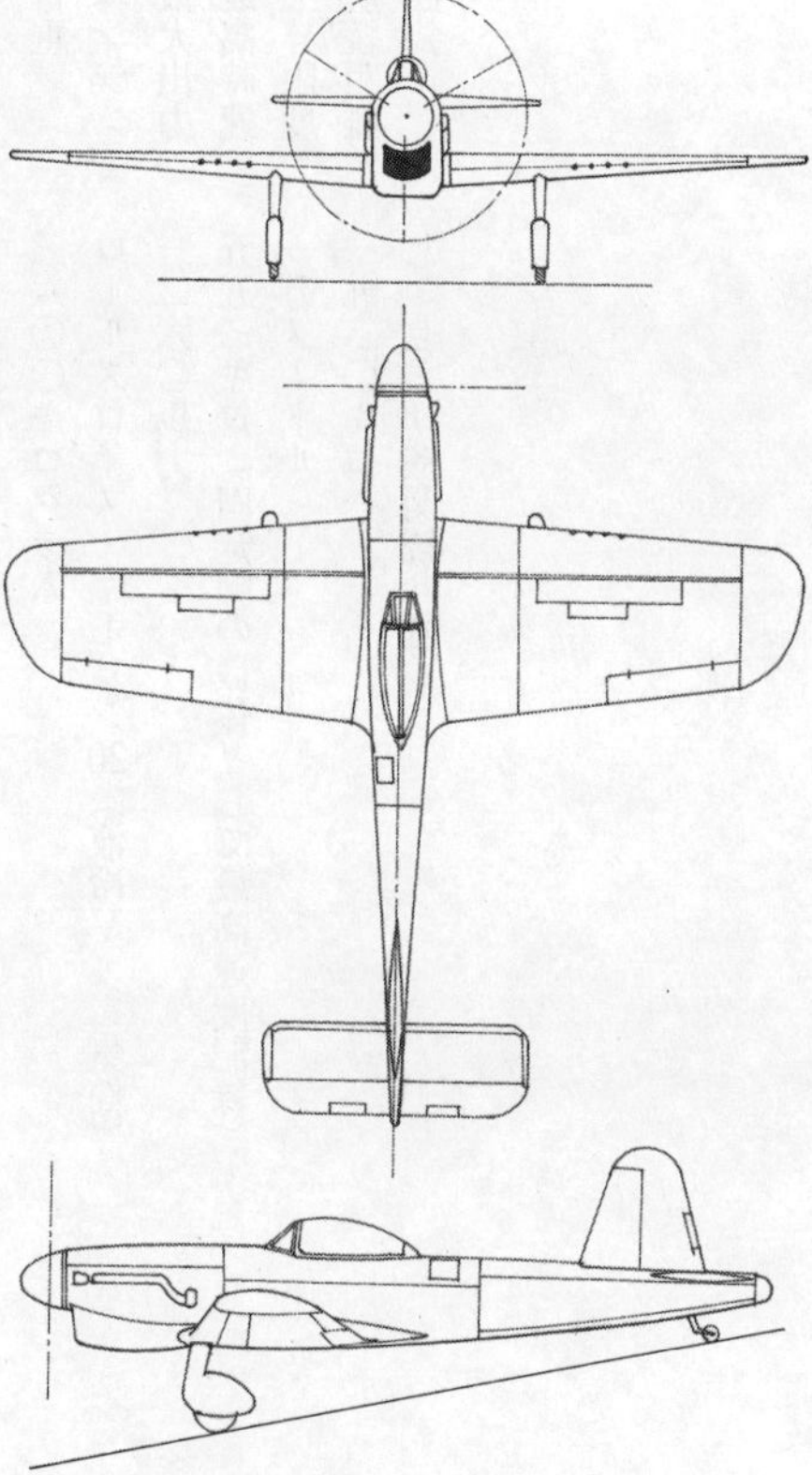

試作単座戦闘機　マイルズM20

全幅	一〇・五五メートル
全長	九・三五メートル
自重	三六〇〇キログラム
エンジン	ロールスロイス・マーリン20（液冷V一二気筒）
最大出力	一二六〇馬力
最高時速	五五二キロ（固定脚の機体として最高速度記録）
上昇限度	一万メートル
航続距離	一九二〇キロ
武装	七・七ミリ機関銃八梃

③試作単座戦闘機　ホーカー「トーネード」

本戦闘機はホーカー・エアクラフト社が生みだした傑作機「ハリケーン」戦闘機の後継機として開発した機体である。設計者のシドニー・カムはこの後継機のエンジンに、開発中の二種類の二〇〇〇馬力級エンジンを、同じ仕上がりの二機の機体に取り付けてテストを開始した。エンジンの一つは液冷二四気筒のネピア・セイバーで、もう一つは同じく液冷二四気筒のロールスロイス・バルチャーであった。

ネピア・セイバーエンジンは水平対向式一二気筒エンジンを上下二段に重ね、二基のエンジンの回転軸をギアとカムで連動させ、一本の回転軸を回す方式であった。またロールスロイス・バルチャーエンジンは、同社開発の液冷V一二気筒エンジン（ペリグリンエンジン）を上下逆にX状に重ね、二基のエンジンの回転軸を同じくギアとカムで連動させて一本の回転軸を回す方式であった。

いずれも一〇〇〇馬力級エンジンを二基連結することにより、二〇〇〇馬力級エンジンに仕上げようとする考えであった。

機体はホーカー「ハリケーン」戦闘機より進化したもので全金属製であった（「ハリケーン」戦闘機は一部金属製で胴体の外皮の一部や舵面は羽布張りであった）。新しい機体の主翼は二〇ミリ機関砲四門の搭載が計画されており、中央翼の翼厚は五五センチに達する厚翼構造となっていた。そしてこの厚翼の機体を二〇〇〇馬力級のエンジンで強引に引っ張り、時速六〇〇キロ以上の性能を発揮させようとしたのであった。

セイバーエンジン付きの機体はホーカー「タイフーン」の呼称で開発を進め、バルチャーエンジン搭載の機体はホーカー「トーネード」の呼称で同時に開発が進められたのである。「トーネード」戦闘機の試作機は一九三九年十月に完成し、「タイフーン」戦闘機の試作機は一九四〇年二月に完成した。しかし両戦闘機ともに試験飛行の結果はエンジントラブルの連続であった。二基のエンジンの回転を一本の回転軸として作動させるための機械的なメカニズムのトラブルと、冷却不足問題の続出であったのだ。結果的にはネピア・セイバーエンジンの方がロールスロイス・バルチャーエンジンよりもトラブルは少なく、空軍省は一応実用可能と判断し、「タイフーン」戦闘機を「ハリケーン」戦闘機の後継機として強引に実用化し、本機の量産を命じ、実戦配備させたのである。

「タイフーン」のエンジントラブルは実戦配備後も続いたが、エンジンメーカーの懸命の改修作業によりしだいに改善され、一九四四年以降、本機は強力な戦闘攻撃機として欧州戦線で猛威を振るうようになったのである。また「タイフーン」の主翼を薄翼に改良したホーカ

③試作単座戦闘機　ホーカー「トーネード」

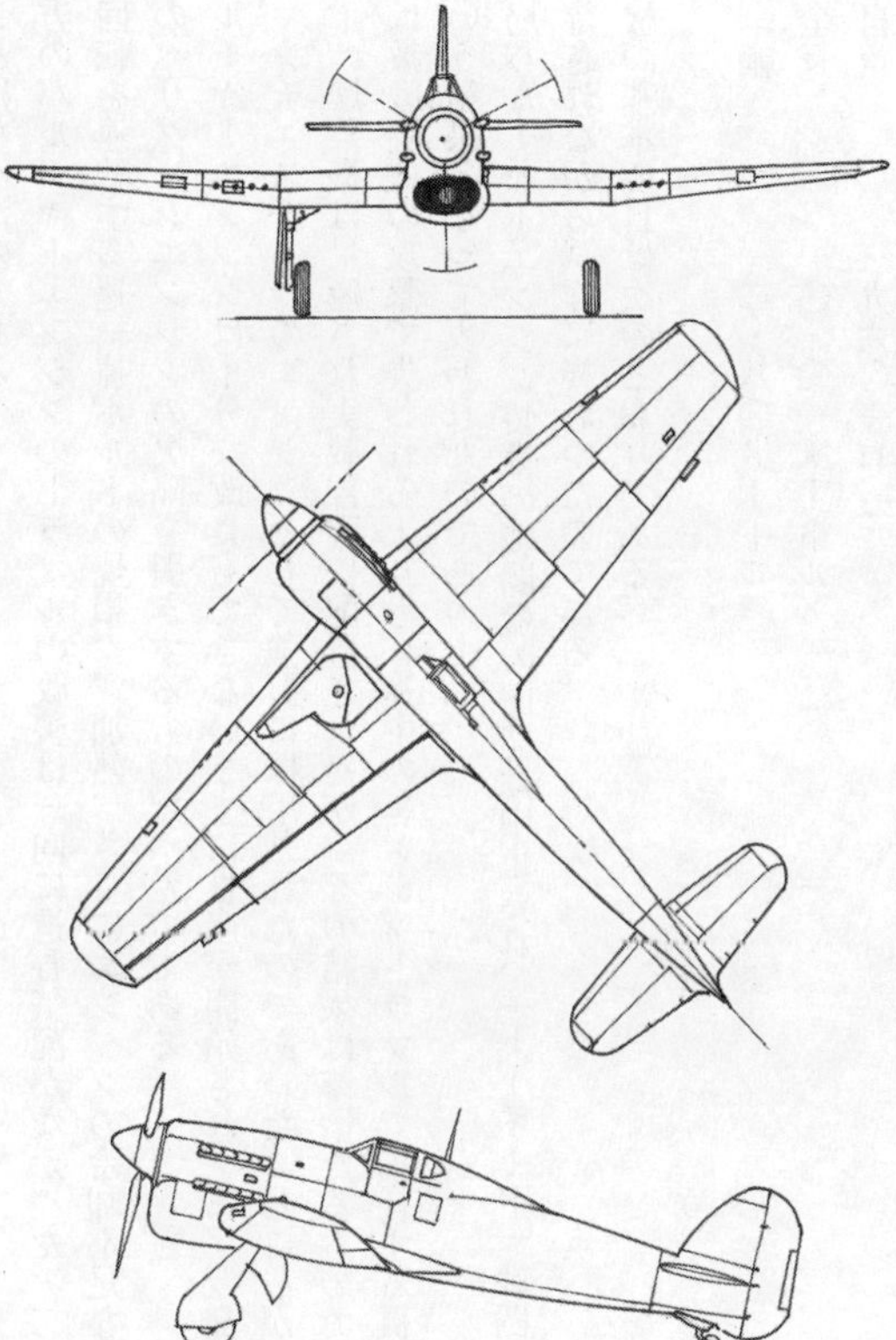

試作単座戦闘機　ホーカー「トーネード」

ー「テンペスト」は、性能や操縦性が良好となり一九四四年後半より制空戦闘機として活躍することになったのである。

一方のバルチャーエンジンのトラブルの改善は一向に進む気配がなかった。二基のエンジンの回転を連結する連結棹ボルトの焼損や、加熱、さらにエンジンの冷却不足などの多くは本来のペリグリンエンジンの欠陥を引きずるものだったのである。

バルチャーエンジンは十分な改良もできないままに量産が開始され、まず双発爆撃機アヴロ「マンチェスター」のエンジンとして強引に採用されたのであった。ところが「マンチェスター」爆撃機は量産され実戦部隊に配置されたが、その結果は惨憺たるものであった。出撃機は敵戦闘機の攻撃で失われるよりも、途中のエンジントラブルで損耗する機体の方が多いという結果となって表われたのであった。

結局バルチャーエンジン装備の戦闘機の開発は中止され、「トーネード」戦闘機は高性能を期待されながら試作に終わったのである。

本機の基本要目は次のとおりである。

全幅　一二・八〇メートル
全長　一〇・〇一メートル
自重　三九六〇キロ
エンジン　ロールスロイス・バルチャー5（液冷X二四気筒）

最大出力　一九六〇馬力
最高時速　六三四キロ
上昇限度　一万六六〇メートル
航続距離　一六〇〇キロ
武装　二〇ミリ機関砲四門または七・七ミリ機関銃一二梃

④試作双発高々度戦闘機　ヴィッカース432

イギリス空軍省は第二次世界大戦勃発後の一九四〇年七月に、ドイツ空軍爆撃機によるイギリス本土攻撃を予想し、高々度戦闘機の開発をヴィッカース社とウエストランド社に命じた。

ヴィッカース社は直ちにこの課題に取り組み、迎撃高々度戦闘機の開発を開始したが、その完成した設計図から本機には数々の新機軸の記述が採用されていることが判明したのだ。

本機の機体構造には、当然のことながらヴィッカース社開発の大圏構造が採用されていた。そして外板はジュラルミンと羽布張りの二方式が採用され、主翼の補助翼と水平尾翼と垂直尾翼の舵面は羽布張りとなっていた。エンジンには高々度飛行に適した液冷V一二気筒・二段二速過給器付きの、最大出力一五二〇馬力のロールスロイス・マーリン61エンジンが採用された。

新型機の乗員は一名で操縦席は独特の構造の気密室となっていたが、この構造はすでに同

④試作双発高々度戦闘機　ヴィッカース432

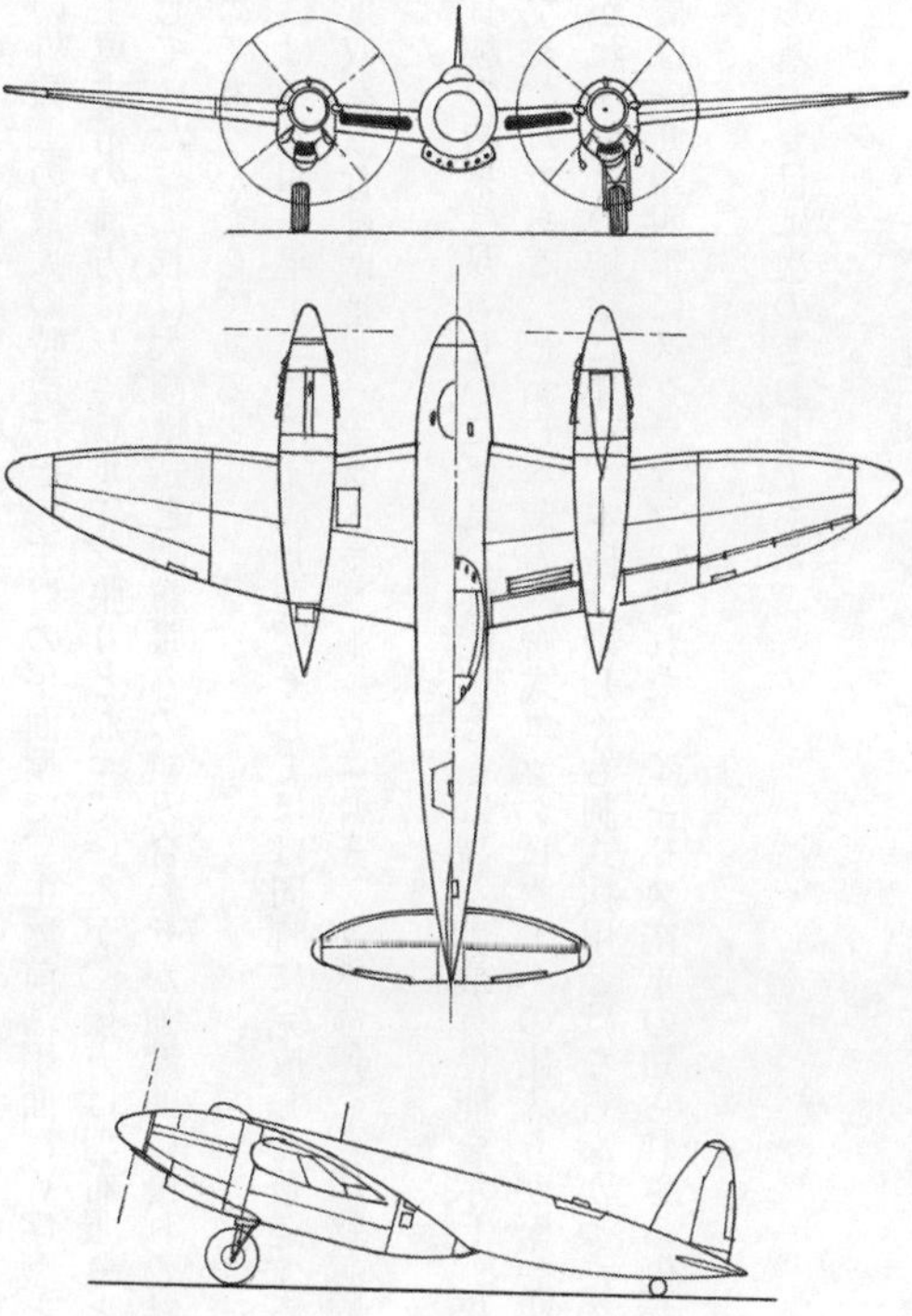

試作双発高々度戦闘機　ヴィッカース432

社は「ウエリントン」爆撃機で試験済みのものであった。胴体の断面は真円型で、胴体の腹部には二〇ミリ機関砲六門が装備された機関砲パックが取り付けられるようになっていた。

本機の外観上の最大の特徴はその主翼の平面型で、主翼前端平面はW字型となっていた。そして主翼主桁の前方はジュラルミン張りとなっているが、後方は羽布張りという特殊工法を採用していた。これは大圏構造と羽布張りの組み合わせが強度的に優れた結果を証明していたためであったからである。

試作機は一九四二年十二月に完成した。そしてほぼ同時に完成した後述するもう一機の試作高々度双発試作戦闘機（ウエストランド「ウエルキン」戦闘機）と比較試験が行なわれたのであった。

比較試験の結果は双方互いに優れた性能、とくに高々度飛行性能を示し、優劣つけがたい結果となったのである。しかし本機の機密式コックピットへの出入りが緊急出撃時に不具合を生じかねないとの結論に達し、本機は惜しくも制式採用とはならなかったのである。そして試作機は一九四四年にスクラップにされた。イギリス空軍の知られざる優秀戦闘機の一つである。

本機の基本要目は次のとおりである。

全幅　一七・五三メートル
全長　一二・四〇メートル

自重　　　　五二四〇キロ
エンジン　　ロールスロイス・マーリン31（液冷V一二気筒）二基
最大出力　　一五二〇馬力
最高時速　　七〇四キロ
上昇限度　　一万三二六〇メートル
航続距離　　不明
武装　　　　二〇ミリ機関砲六門

⑤双発高々度戦闘機　ウエストランド「ウエルキン」

本機は一九四〇年七月に、前述のヴィッカース432とともに空軍省の要請により試作された高々度迎撃戦闘機である。イギリス空軍省より高々度迎撃戦闘機の試作指示を受けた同社は、早くも一九四二年十一月に試作一号機を完成させ、試験飛行にも成功した。

本機のエンジンには最大出力一二五〇馬力の液冷エンジン、ロールスロイス・マーリン76／77が装備された。このエンジンは高々度戦闘機用にロールスロイス社が開発した、二段二速過給器付きのエンジンで、すでに高々度迎撃用戦闘機として特別に開発されたスーパーマリン「スピットファイア」戦闘機にも装備されたエンジンであった。

この機体の外観上の最大の特徴は、縦横比が極めて大きな長大な高々度飛行に適した主翼を持っていることであった。機体の基本的構造や主翼と尾翼の配置関係などは、同社がすでに開発し、実戦に投入されていた「ホワールウィンド」双発単座戦闘機に酷似していた。

本機はヴィッカース432と同じく単座であったが、同戦闘機とは異なり、コックピットには

143　⑤双発高々度戦闘機　ウエストランド「ウエルキン」

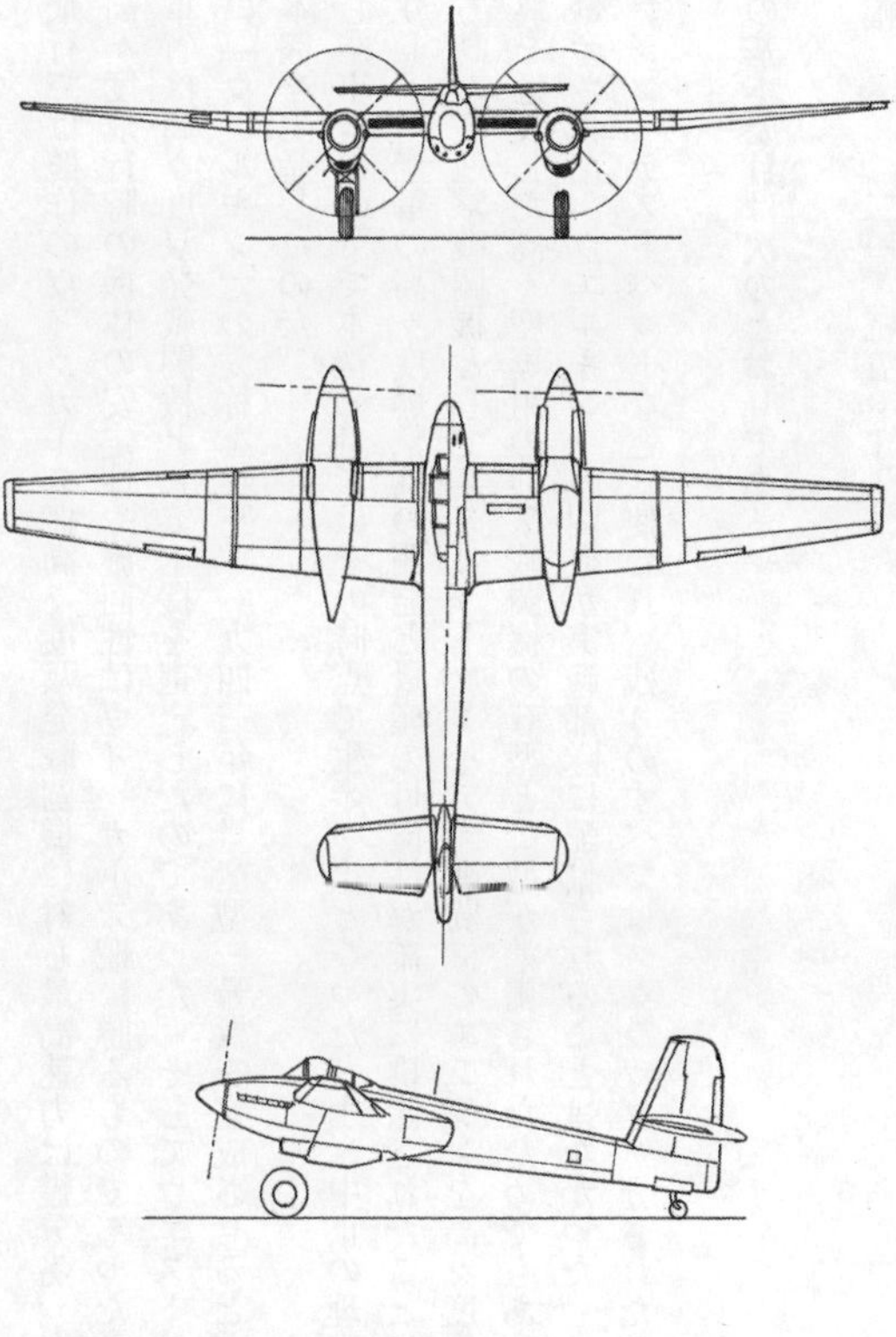

双発高々度戦闘機　ウエストランド「ウエルキン」

与圧装置は装備されておらず、したがってコックピットへの出入り時の煩雑さはなかったのだ。

試験飛行では競作のヴィッカース432高々度双発戦闘機に対し最高速力は幾分劣ったが、上昇力や高々度飛行時の機体の安定性や旋回性はヴィッカース432に勝るものであった。この結果、空軍省は高々度双発戦闘機として本機を選定したのであった。そしてウエストランド社は本機に「ウエルキン」の愛称を与え、一九四三年に量産型一号機を完成させると、以後六七機の本機を生産したのだ。

しかし空軍省の命令で本機の量産はその時点で生産中止となった。生産中止の理由は、情報筋よりドイツ空軍の高々度爆撃機の開発と量産の可能性が確実に排除されたことにあった。また一方高々度迎撃戦闘機として「スピットファイア」戦闘機のエンジンを高々度用に換装し、主翼を延長した高々度専用の迎撃戦闘機の6型と7型が準備されたためでもあった。結局量産された「ウエルキン」戦闘機が実戦部隊に配備されることはなかった。多くの機体がエンジン・テストベッドなどに使われ、残りのすべてはスクラップ処分されたのであった。

本機の基本要目は次のとおりである。

全幅　二一・三五メートル
全長　一二・六八メートル

自重　六七四〇キロ
エンジン　ロールスロイス・マーリン76／77（液冷V一二気筒）二基
最大出力　一二五〇馬力
最高時速　六三七キロ
上昇限度　一万三四〇〇メートル
航続距離　不明
武装　二〇ミリ機関砲四門

⑥単座戦闘機　スーパーマリン「スパイトフル」

イギリス空軍を代表するスーパーマリン「スピットファイア」戦闘機は、実戦に配備された一九三九年以来、戦争の終局時点の一九四五年まで、つねにイギリス空軍の第一線戦闘機の座を守りとおした。この間に同戦闘機は好敵手のドイツ戦闘機に対抗するために数多くの改良が加えられたのだ

その型式数は途中三つの欠番はあるものの1型から24型までにおよび、搭載されたエンジンは当初の一〇〇〇馬力から二倍の二〇〇〇馬力まで強化され、最高時速も五五〇キロから七二〇キロまで性能アップされていたのである。

しかし本来が一〇〇〇馬力級エンジンを搭載する戦闘機として開発されてきたものに、倍の出力を持つエンジンを搭載したのであるから、様々な部分に無理が生じ始め、強力なエンジンに振り回される機体は悲鳴を上げ始めていたのである。

機体の中でもとくに無理がかかるのが主翼であった。楕円形状の主翼は強度が保てず、も

はや新しく強化された主翼が必要であった。また強力なエンジンの回転にともない発生する機体のトルク防止のために、胴体の補強や垂直尾翼の大型化や強化も緊急の課題となっていたのであった。さらに機体の重量増加につれて、当初から強度的に問題のあった主脚の改良などももはや待ったなしの状態になっていたのである。

これらの対策にメーカーのスーパーマリン社も繁忙の中、改良型スピットファイア戦闘機の試作を進めていたが、一九四五年一月に至り、これら問題点を改良し機体を全面的に設計しなおした「新型スピットファイア戦闘機」の試作機が完成したのである。

本機の外観は「スピットファイア」戦闘機の印象を多分に残すものであったが、主翼は特有の楕円翼から二段テーパー式の直線翼に代わっていた。主車輪もこれまでの外側引き込み式のトレッド（車軸間隔）の狭いものから、がっしりした一般的な内側引き込み式に改良されていた。また胴体は側面面積の広い縦長断面の形状に変わり、垂直尾翼も大型に改良されていた。

試作機のエンジンは公称最大出力二〇五〇馬力の、イギリスの液冷エンジンとしては最新・最強のロールスロイス・グリフォン90（量産型はロールスロイス・グリフォン69、最大出力二三七五馬力搭載）が搭載され、プロペラは五枚ブレードに変更されていた。

試験飛行の結果、操縦性は強馬力エンジンの影響もあり多少容易さには欠けるが、優れた上昇力を発揮し、最高速力はレシプロエンジンの機体としては最速に近い時速七八〇キロを記録したのだ。

この速力はアメリカ陸軍がすでにヨーロッパ戦線のドイツ空軍のジェット機対策用に戦場に送り込んでいたリパブリックP47M「サンダーボルト」戦闘機よりも優速であったのである。このことは本機であれば、機会さえあればドイツ空軍のアラドAr234ジェット爆撃機やメッサーシュミットMe262ジェット戦闘機を撃墜することも不可能ではなかったのである。

しかし本機が完成した直後にヨーロッパ戦線は終結を迎えてしまった。イギリス空軍はすでにスーパーマリン社に対し本機の六五〇機の至急量産を指示していた。終戦によって本機の出番は消滅し、量産型が一六機生産された時点で生産は中止となった。

イギリス空軍は本機に「スパイトフル」の呼称を与えており、艦上戦闘機型にした「シーファング」の生産の準備も整えられていたが、すべてが終わったのであった。

スーパーマリン社の本機の生産ラインには約二〇〇機分の本機の主翼が完成していたが、この主翼は当時同社が初めてのジェット戦闘・攻撃機として開発していた、スーパーマリン「アタッカー」の主翼としてそのまま転用されることになったのである。

イギリス空軍は戦争終結後、「スパイトフル」に最新型のエンジンである最大出力二六〇〇馬力のロールスロイス・グリフォン101（二段三速過給器付き、V一二気筒エンジン）を搭載し、レシプロエンジン付き機体の最高速力試験を実施した。このとき強力なエンジンの回転力により生じるトルクを防止するために、本機は三枚ブレードの二重反転式コントラプロペラを装備した。

この機体が記録した最高速力は時速七九五キロで、アメリカのリパブリックP47Jが当時

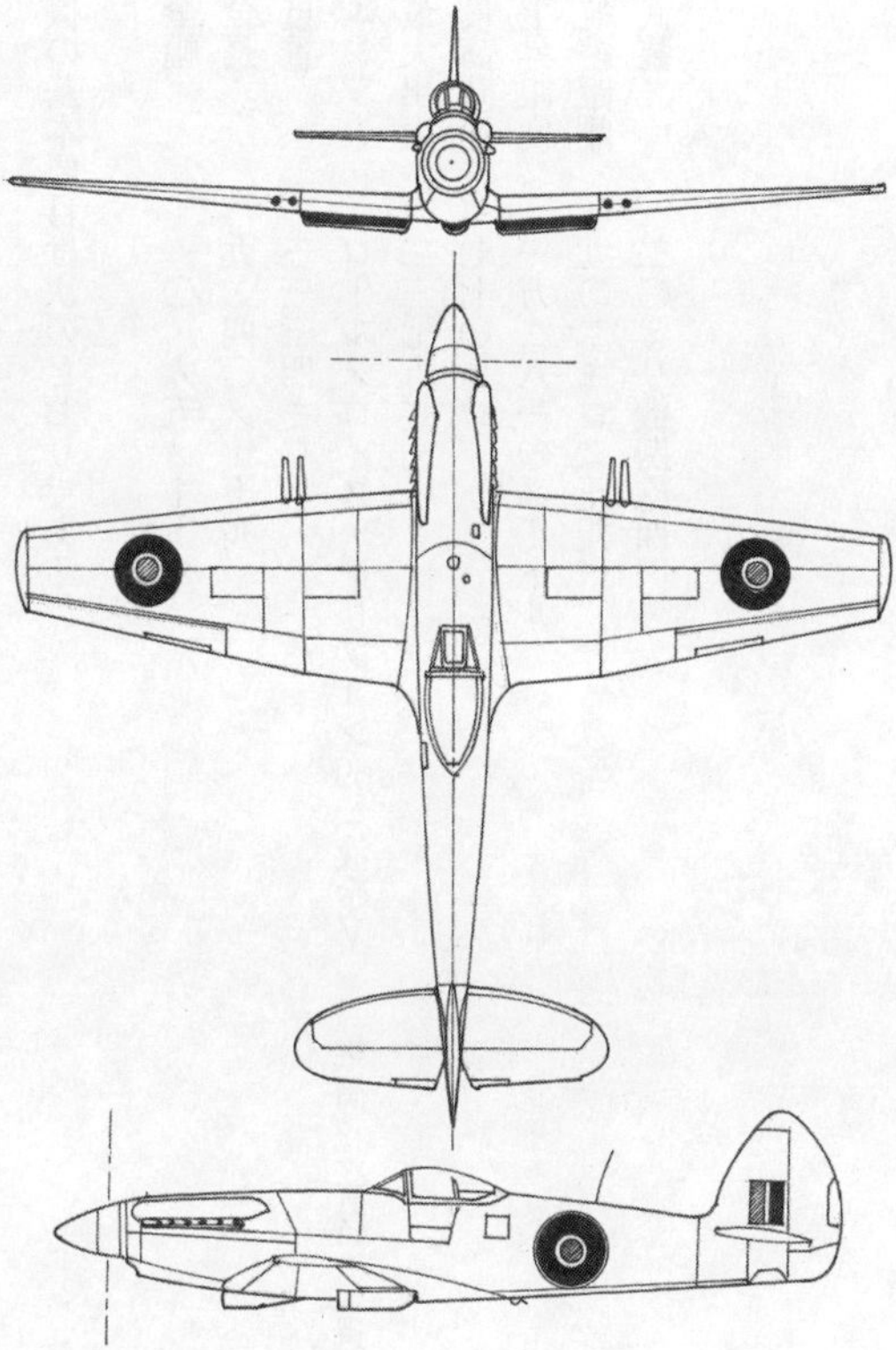

単座戦闘機　スーパーマリン「スパイトフル」

記録した時速八一一キロに次ぐ、レシプロエンジン装備の機体の速度記録となったのであった。

本機の基本要目は次のとおりである。

全幅　一〇・六五メートル
全長　九・四〇メートル
自重　三三三四キロ
エンジン　ロールスロイス・グリフォン69（液冷V一二気筒・二段二速過給器付き）
最大出力　二三七五馬力
最高時速　七七〇キロ
上昇限度　一万二八一〇メートル
航続距離　九〇二キロ（正規）
武装　二〇ミリ機関砲四門

⑦試作単座戦闘機　マーチン・ベーカーMB5

本機はイギリス空軍が第二次世界大戦中に開発した最後の単座戦闘機で、最後にふさわしくその性能はレシプロ戦闘機として最高の値を記録するものであった。しかし近づくジェットエンジン推進の戦闘機の時代には抗することができずに消えていった、まさに名機といえる機体であったのである。

本機を開発したマーチン・ベーカー社は、強豪の居並ぶイギリスの航空機メーカーの中では、まったく無名に近い存在の航空機製造会社であった。一九二九年に設立されたこの会社は、第二次大戦当初は有力航空機製造メーカーの下請け会社として、戦闘機や爆撃機の機体の一部分や部品の製造を行なっていた。

この間に同社の設計スタッフは高性能戦闘機開発の夢を抱き続け、一九四二年八月にマーチン・ベーカーMB3という画期的な戦闘機一機を試作した。この戦闘機は様々に新しい機能とアイディアが組み込まれた戦闘機で、審査にあたったイギリス空軍も高い評価を与えていた。しかしテスト飛行中に墜落し失われた。同社には資金力がなく、さらなる機体を製造する余力がなかった。

その後同社は生産性に優れ、機体の整備や保守の簡易化を図り、かつ高性能な新しい戦闘機MB5を一九四五年四月に試作し、再びイギリス空軍の評価を受けることになったのである。

この機体は空軍の審査において、すべての審査項目に満点がつけられるほど優れた機体だったのである。本機には従来の戦闘機には見られない極めて独創的な機能が随所に組み入れられていたのだ。例えば主翼と胴体はモノコック構造で仕上げられ、外板はすべて着脱可能になっており、空戦で敵弾を受けた場合には、損傷した部位の外板を取り換えるだけで再出撃が可能になっていた。また機関砲や弾薬は一組のパックに収められ、弾丸補給で帰投した機体の弾薬補給は新しいパックと取り換えるだけですみ、短時間の再出撃が可能になっていた。

エンジンには当時のイギリスの液冷エンジンとしては極めて完成度が高かった、ロールスロイス・グリフォン83（最大出力二三四〇馬力）が採用され、プロペラは三枚ブレード二組のコントラプロペラとなっていた。

エンジン滑油冷却器はノースアメリカンP51「マスタング」戦闘機と同じく胴体中央下面に配置されているために、「スピットファイア」戦闘機などと異なり主翼の多くの部分を燃料タンクとして活用することが可能となり、航続距離もイギリス戦闘機としては異例の一七

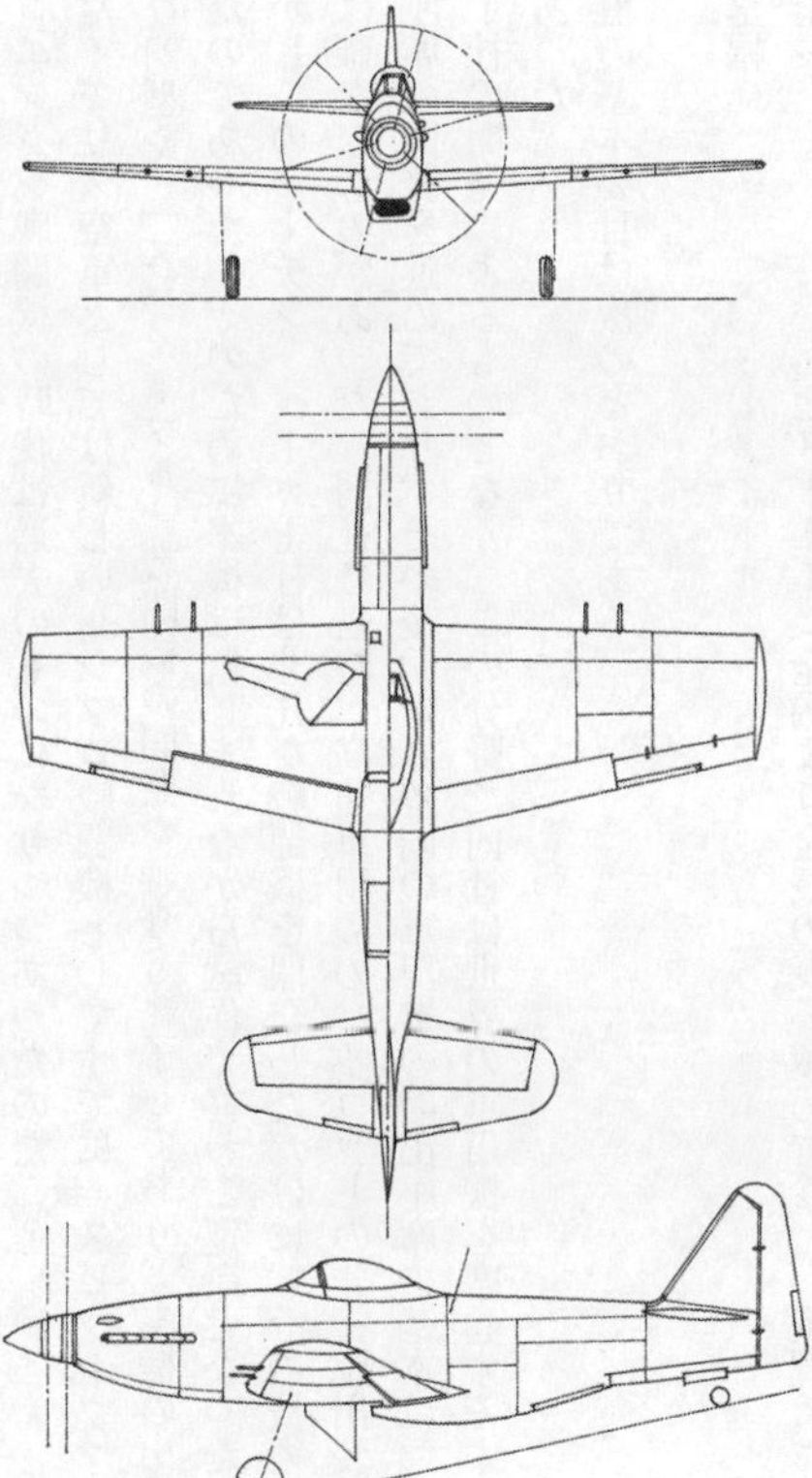

試作単座戦闘機　マーチン・ベーカーMB5

〇〇キロ（増槽なし）という大きなものであった。

イギリス空軍の本機に対する評価は異例ともいえる最高のものであったが、出現時期が遅すぎたのである。時代はレシプロエンジン機からジェットエンジン機に移行しつつあり、レシプロエンジン戦闘機の時代は過去のものになりつつあったのだ。

またイギリス空軍としては新しいレシプロ戦闘機としてすでに「スピットファイア」22型および24型や、「スパイトフル」戦闘機の開発や審査も終了しており、本機の出番は一歩遅かったのであった。そのために本機は惜しまれながら試作で終わる運命となったのである。

しかしこのマーチン・ベーカー社は非凡な戦闘機を開発しただけに、その技術力と経営方針には確かなものがあった。同社は当時、高速軍用機のパイロットの非常脱出装置である射出式座席の開発を進めており、その後、世界各国の軍用機の射出座席の基本はマーチン・ベーカー社の開発によるものとなり、この分野で同社は世界の軍用機を席巻するようになったのであった。

本機の基本要目は次のとおりである。

全幅　一〇・七メートル
全長　一一・七メートル（全幅より全長の長い極めて珍しい戦闘機）
自重　四一八八キロ
エンジン　ロールスロイス・グリフォン83（液冷V一二気筒）

最大出力　二三四〇馬力
最高時速　七七九キロ
上昇限度　一万二一〇〇メートル
航続距離　一七七〇キロ（正規）
武装　二〇ミリ機関砲四門

⑧試作単座戦闘機 ホーカー「フュアリー」艦上戦闘機 ホーカー「シーフュアリー」

ホーカー・エアクラフト社は「ハリケーン」戦闘機の後継機として「タイフーン」戦闘機を開発した。そして本機の主翼を薄型に改良した「テンペスト」戦闘機を開発し、第二次世界大戦末期のヨーロッパ戦線でイギリス空軍の主力戦闘機として活躍した。

ホーカー社はこの成功作の「テンペスト」戦闘機をさらに軽量小型化し、エンジンを難物のネピア・セイバーエンジンから空冷エンジンに換装した機体の設計を開始していた。そして同時にこの機体を艦上戦闘機化する試作も進めていたのだ。

空軍向けの戦闘機の試作機は一九四四年九月に完成し、ホーカー「フュアリー」と呼称された。そしてこの機体を艦上戦闘機化した試作機も一九四五年二月に完成させた。機体は「テンペスト」をスリム化させ、エンジンを空冷エンジンに置き換えたものとなり、主翼は「テンペスト」に類似していたが、より薄く造られていた。

「テンペスト」には液冷エンジンの難物ネピア・セイバーを搭載した機体以外に、二〇〇

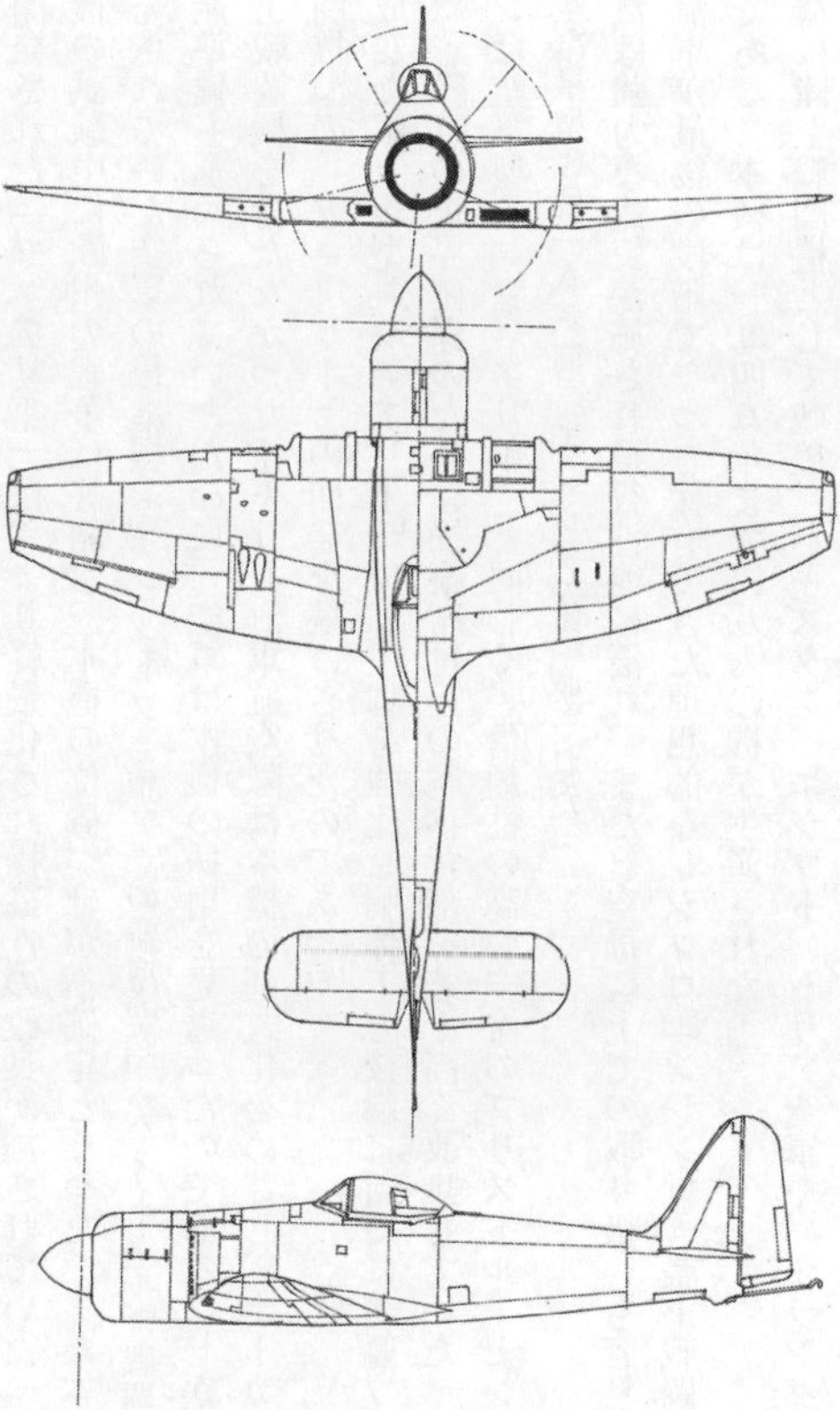

艦上戦闘機　ホーカー「シーフュアリー」

馬力級のブリストル・セントーラスエンジンを備えた機体も開発され実際に量産されたが、「フュアリー」戦闘機はこの空冷エンジン付きの「テンペスト」に酷似していた。しかし新たに開発された「フュアリー」は、より軽量化され操縦性の改良が施されていた。

本機の試験中に欧州の戦争は終結し、本機の位置づけが不確定となった。また本機より先に開発されていた空軍の後継機（「スピットファイア」の新型や「スパイトフル」戦闘機など）の生産準備も進められていたために、空軍は本機の採用を見送ったのである。しかし決定的な艦上戦闘機を持たなかったイギリス海軍航空隊は本機の制式化をめざし、ホーカー社に艦上戦闘機型の「フュアリー」の開発を続けさせたのであった。

完成した艦上機型「フュアリー」は、主脚を強化し胴体下方後端に新たに着艦フックを装備し、着艦時の視界確保のために操縦席付近の胴体背部を若干高く改良していた。そしてエンジンは空軍型の「フュアリー」と同じく、信頼性の高い空冷のブリストル・セントーラス18（空冷星型複列一八気筒）エンジンが搭載された。

本機は強力な武装が施され飛行性能に優れ、また航空母艦上での取り扱いも容易で、イギリス海軍が最後の段階でやっと保有できた理想的なレシプロエンジン付き艦上戦闘機となったのである。本機は一九四八年までに八六〇機が生産された。

本機は陸上戦闘機として戦後、パキスタン、エジプト、シリア空軍や、オランダ、西ドイツ空軍の制式戦闘機としても輸出され、艦上機型はオーストラリア海軍、カナダ海軍などにも輸出あるいは供与されたのである。

本機は実戦に投入され激しい戦闘を展開することになった。一九五〇年六月に勃発した朝鮮戦争では、本機はイギリス海軍とオーストラリア海軍の軽空母部隊の艦上戦闘・攻撃機としてこの戦争の全期間に参戦、ロケット弾や爆弾を搭載し、同時に装備された四門の二〇ミリ機関砲の地上掃射で地上部隊や地上設備の攻撃に猛威を振るったのである。そしてこの間に中国義勇空軍の新鋭ジェット戦闘機、ミグMiG15戦闘機を空中戦で撃墜するという偉勲も立てたのであった。

本機の基本仕様は次のとおりである。

全幅	一一・七メートル
全長	一〇・六メートル
自重	四一九〇キロ
エンジン	ブリストル・セントーラス18（空冷星型複列一八気筒）
最大出力	二四八〇馬力
最高時速	七四〇キロ
上昇限度	一万九〇〇〇メートル
航続距離	一六七五キロ（正規）
武装	二〇ミリ機関砲四門 爆弾等九〇〇キロ

⑨双発戦闘機　デ・ハビランド「ホーネット」
双発艦上戦闘機　デ・ハビランド「シーホーネット」

全木製の多用途機「モスキート」で成功を収めたデ・ハビランド社は、同じく全木製の小型双発戦闘機を試作した

本機は「モスキート」をスリム化し小型化した双発戦闘機をめざし、デ・ハビランド社が独自に開発を進めていた機体であった。データ上での際立った優秀性に注目したイギリス空軍は、本機を正式な機体として開発を進めることにしたのである。

本機は「モスキート」多用途機（夜間戦闘機、攻撃機、爆撃機、偵察機）を大幅に小型化し、より高速機に適したスリムな機体に仕上げることが目標とされていた。本機は全木製で設計される予定であったが、主翼表面は上面は合板張りとし、下面はジュラルミン張りとする特異な方式が採用されることになり、正確には木金混合材料で造られた機体ということになった。胴体は「スピットファイア」戦闘機程度に細く仕上げられ、操縦席は胴体の最先端に近い位置に配置されたが、これは良好な視界の確保のためであった。主翼は直線構造となり、

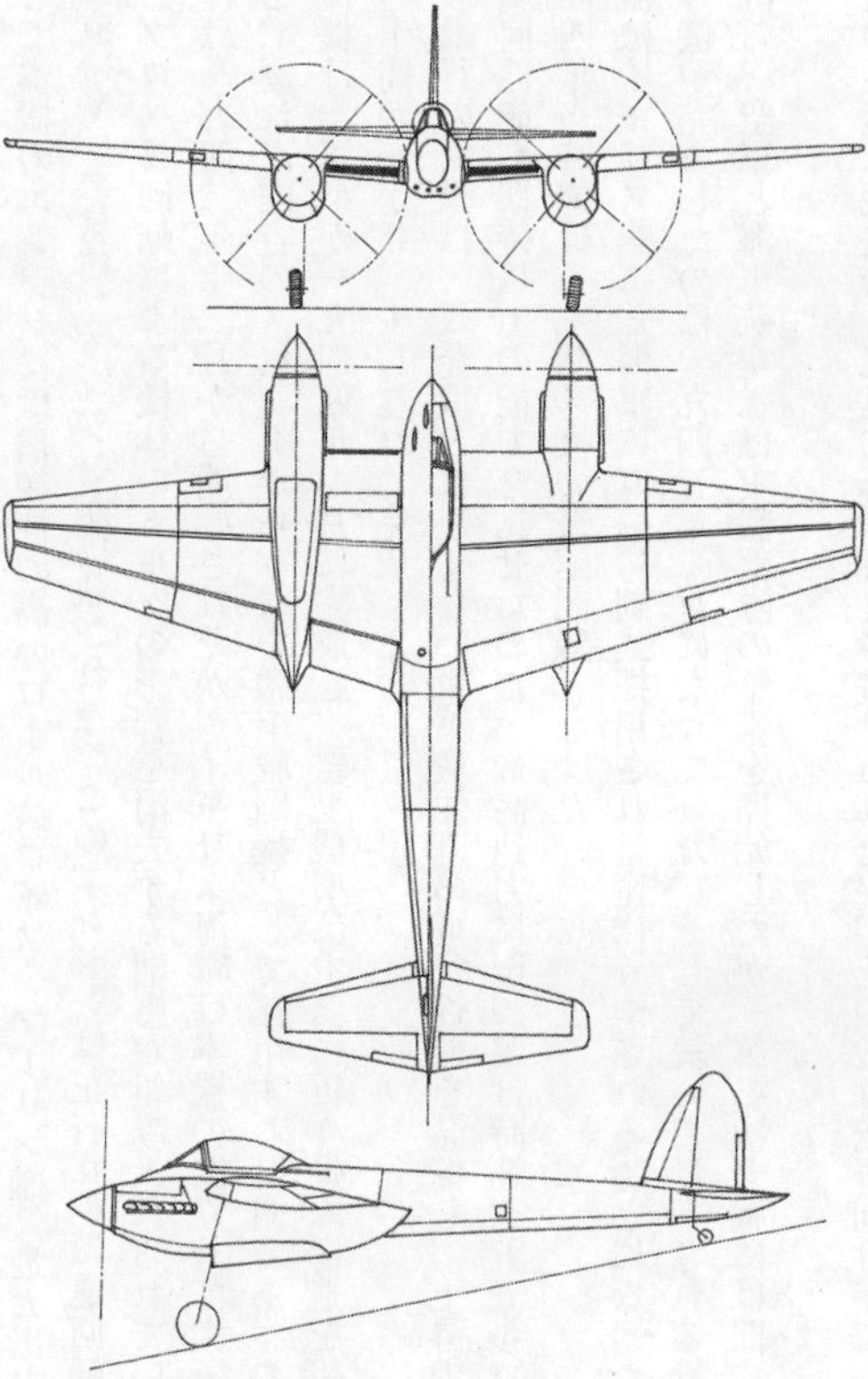

双発戦闘機　デ・ハビランド「ホーネット」

翼内には大容量の燃料タンクが装備され、イギリス空軍戦闘機としては例外的な長い航続距離を持つことを可能にした。

そして本機のエンジンには信頼性の高いロールスロイス・マーリン130（最大出力一七七〇馬力、液冷V一二気筒）エンジンが搭載された。このエンジンは左右互いに逆回転となっており、プロペラ回転による機体のトルクの影響を消去する配慮が組み入れられていた。

試作は一九四二年十二月から開始されたが、イギリス海軍は本機の際立って大きな航続距離など、優れた内容のスペックから本機を艦上戦闘機として運用する計画であった。

試作機は空軍型が一九四四年七月に完成し、艦上機型は主翼に折り畳み構造を組み入れるなどの手間がかかり、少し遅れて完成した。

試験飛行の結果は、双発機とは思えない単葉機並みの飛行性能を発揮し、上昇力も最高速度も旋回性能も期待以上の能力を見せたのだ。最高速力に至っては時速七五五キロを発揮し、一九四四年当時ではイギリス機の最速記録となった。

本機はイギリス空軍と海軍に直ちに制式採用され量産にうつされることになったが、量産第一号機が完成したのは一九四五年二月になっていた。そして続いて量産される機体が揃うのを待ち、空軍と海軍航空隊は実戦部隊の整備を開始したが、第二次大戦には間に合わなかった。

本機の生産は戦後の一九五二年六月まで続けられたが、その数は空軍向けが二一一機、海軍向けが一九八機（合計四〇九機）であった。

本機の実戦投入は、戦後のマレー半島で発生していた独立運動軍のゲリラ戦闘の掃討作戦への投入であった。なお本機はイギリス領香港の防衛空軍の戦闘機部隊として、同地のカイ・タク基地に一九五五年まで駐留しており、イギリス空軍最後のレシプロ戦闘機部隊となった。

本機の基本要目は次のとおりである。

全幅　一三・七一メートル
全長　一一・四七メートル
自重　七二四〇キロ
エンジン　ロールスロイス・マーリン130（液冷V一二気筒）二基
最大出力　一七七〇馬力
最高時速　七五五キロ
上昇限度　一万六八〇メートル
航続距離　四一六〇キロ（最大）
武装　二〇ミリ機関砲四門
爆弾等九〇〇キロ

第三章　ドイツ

ドイツ空軍は第二次世界大戦勃発時点から、主力戦闘機はメッサーシュミットＭｅ109（Ｂｆ109）一機種に絞られて参戦、また長距離戦闘機としては駆逐機の呼称で、爆撃機援護戦闘機の構想でメッサーシュミットＭｅ110（Ｂｆ110）を投入した。

一九四一年に至り新鋭戦闘機のフォッケウルフＦｗ190が登場すると、その優れた機動性と空戦性能からイギリス空軍の名機「スピットファイア」戦闘機が圧倒されることになった。

こののち「スピットファイア」戦闘機の性能改善の血のにじむ努力が始まり、さらに性能を改善したメッサーシュミットＭｅ109や新鋭のフォッケウルフＦｗ190との間で、熾烈な性能競争が展開されることになった。

この間、ドイツ空軍はＭｅ109とＦｗ190の二機種の性能改善でヨーロッパ戦線の主導を握ろうとする傾向が見られ、これらに代わるべくまったく新たなレシプロ戦闘機の開発についてはアメリカやイギリスほど熱心ではなかったように見受けられるのである。

ただこの間の開発の中では、特徴的な機体や実戦配備が期待できる戦闘機も見られたが、すべてが前述の二機種の前に埋没したのが実情であった。

①試作双発戦闘機　フォッケウルフFw187

一九三六年にフォッケウルフ社は、ドイツ空軍省より双発単座昼間戦闘機三機の試作命令を受けた。この命令に対し同社は翌一九三七年に予定どおり三機の試作双発戦闘機を完成させた。

本機のエンジンには最大出力六三〇馬力の液冷エンジン、ユンカース・ユモ210Dが搭載された。この機体は胴体を極力細く造り単座とし、主翼には二つのエンジンを起点とする逆ガル構造を採用したのだ。そして一九三八年に実施された試験飛行では最高時速五二〇キロという、当時の現用単発戦闘機と同等の速力を記録したのであった。

空軍省はすでにメッサーシュミット社に対し双発戦闘機の試作を命じており、フォッケウルフ社に命じた試作はあくまでもこのメッサーシュミット社の双発戦闘機との諸条件の比較のためであり、当初よりフォッケウルフ社の試作双発戦闘機を評価する意識はなかったと考えられているのである。

しかし空軍省はフォッケウルフ社のこの試作双発戦闘機の優れた性能に興味を示したのだ。そして本機の増加試作機六機の追加製造をフォッケウルフ社に命じたのである。つまり本機の方が空軍省が本命と考えていたメッサーシュミット社の双発戦闘機（後のMe110戦闘機）より優れた性能を示したのである。

六機の追加試作機は一九三九年九月に全機が完成し、試験飛行が行なわれた。この機体のエンジンには、より強力な最大出力一〇五〇馬力のダイムラー・ベンツDB605が搭載されたが、性能の向上は当然のことであった。新しい機体の速度試験ではじつに時速六三六キロという、メッサーシュミットMe109戦闘機やMe110双発戦闘機より格段に速い速度を記録したのだ。

本機は空軍省が推し進めていた本命のメッサーシュミットMe110双発戦闘機より、速力だけではなく旋回性能も上昇力もはるかに優れていることが判明したのである。しかし結果はメッサーシュミットMe110が「基本方針どおり」に決定したのであった。

この不可解な判定の裏には、当時のドイツ空軍最高幹部、およびヒトラー総統とメッサーシュミット社の間に、不可解な関係があったとする説が存在している。また同じ理不尽な扱いがハインケル社に対し存在していたとする説が、秘話として知られているのである。

本機の武装は当時としては強力であった。二〇ミリ機関砲二門が機首下面に装備され、七・七ミリ機関銃がそれぞれ二梃ずつ操縦席の側面に配置されたのである。

結局本機は極めて優れた性能を示しながら不採用になったが、フォッケウルフ社はこの六

169　①試作双発戦闘機　フォッケウルフFw187

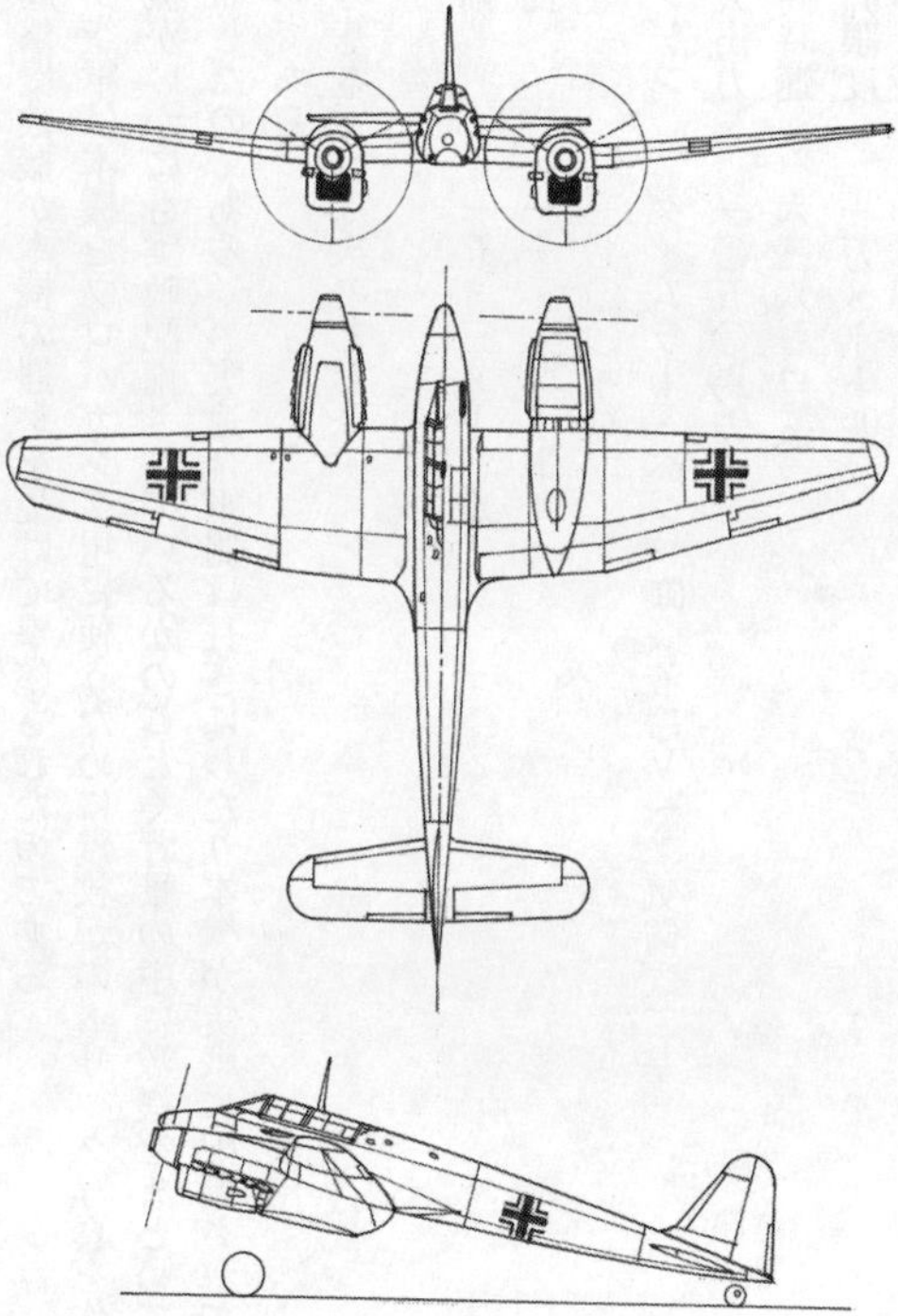

試作双発戦闘機　フォッケウルフFw187

機の増加試作機を自社のブレーメン工場の専用防空戦闘機として配置したのだ。パイロットは民間人であるが空軍はこれを黙認したのである。そして実際に同工場を爆撃したイギリス空軍の爆撃機数機が本機の迎撃を受けて撃墜されたのである。

ドイツ空軍は本機をプロパガンダ用に使うために幾枚かのトリック写真を作り上げた。つまり本機がいかにも実戦配備されているかのごとく背景の中に数機をまとめて撮り込み、海外に流布したのである。事実連合軍側は長きにわたり本機が実戦に配備されていたと誤認していたのである。

本機の基本要目は次のとおり。

全幅	一五・三メートル
全長	一一・一メートル
自重	三七〇〇キロ
エンジン	ダイムラー・ベンツ605（液冷V一二気筒）二基
最大出力	一〇五〇馬力
最高時速	六三六キロ
上昇限度	一万メートル
航続距離	一〇〇〇キロ
武装	二〇ミリ機関砲二門、七・七ミリ機関銃四梃

②試作単座戦闘機　ハインケルＨｅ100

本機はその後さまざまに謎を秘めた戦闘機として知られるようになったが、その真相が知られたのは戦後のことで、当初本機はハインケルＨｅ113と誤解されていた。

ドイツ空軍は一九三六年に次期戦闘機の開発をメッサーシュミット社、フォッケウルフ社、そしてアラド社の三社に命じた。当初ハインケル社はこの指名の中には入っていなかった。

しかしその後ハインケル社も開発命令を受けた。

ハインケル社はこの命令に対しハインケルＨｅ112を試作し、評価試験を受けることになった。その結果はメッサーシュミット社の後のＭｅ109とハインケル社のＨｅ112が最後まで残ることになったが、最終的にはメッサーシュミット社の機体が採用と決まった。しかしハインケル社はこの結果に満足せず、改めてまったく別設計のハインケルＨｅ100（当初はＨｅ113と伝えられていた）を送り込み、改めてドイツ空軍の評価審査を受けることになった。

Ｈｅ100の試作機は一九三八年一月に完成し、早速審査試験飛行が開始された。本機の設計構想は独創的であった。胴体はＨｅ112より細くなり、主翼はＨｅ112の楕円状ではなく直線に近い前進テーパー翼が採用され、軽度の逆ガル構造となっていた。

本機の最大の特徴はエンジン滑油の冷却方式で、通常の突出型の冷却装置は採用せず、空気抵抗の極小を狙い、主翼表面の一部を使った表面蒸気冷却方式を採用したのだ。また主脚はトレッドの広い内側引き込み式を採用し、離着陸時の機体の安定性を増したのである。

試作機は八機造られ、さらに量産型と称して一二機の製造を行なった。これはハインケル社のドイツ空軍本部に対する一つのデモンストレーションとも受け取れる行為であったのだ。試作機の三号機は一九三八年六月に最高時速六八四キロという記録を出したのだ。さらに一九三九年三月には試作八号機が時速七四七キロという大記録を打ち立てた。これらのスピードはライバルのメッサーシュミットＭｅ109の最高速力よりも毎時一〇〇～一六〇キロも高速であることを証明するものであった。

しかしドイツ空軍本部はこれらの優れた性能に対し着陸速度が速すぎる、あるいは操縦性が不良であるとして不採用としたのであった。このいきさつは前述Ｆｗ187とまったく同じ経過であった。

この後本機はＦｗ187のときと同様に、二〇機も作られたＨｅ100をドイツ空軍のプロパガンダ用に使ったのである。第二次世界大戦の勃発前に、本機を様々な場所に並べさらに搭乗員を配置するなどし、本機があたかも第一線用戦闘機として配備されたかのごとき写真を多数撮影し、対外的な宣伝に盛んに利用したのである。その結果、連合軍側は本機が第一線用戦

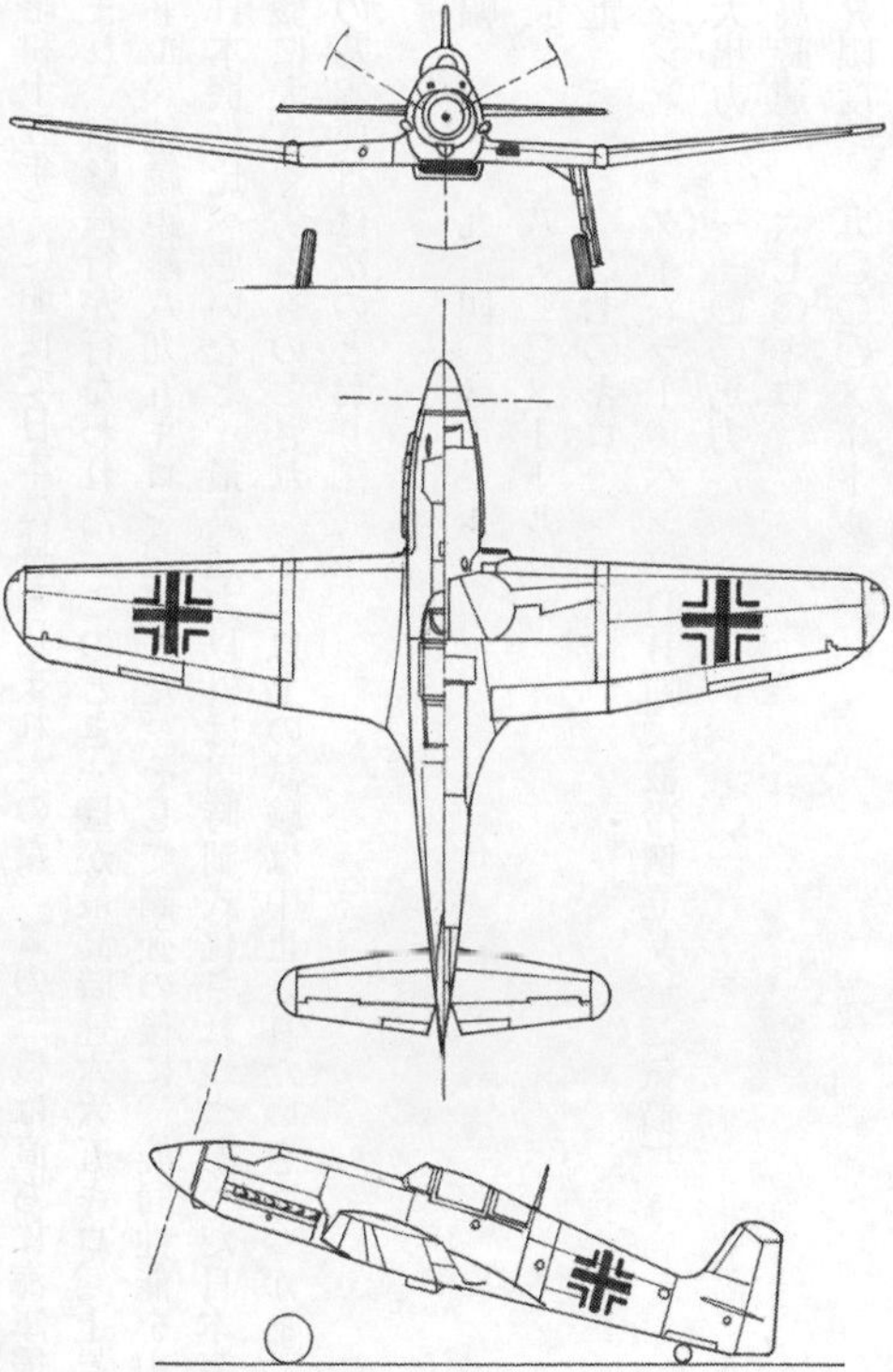

試作単座戦闘機　ハインケルHe100

闘機として配備されたものと思い込んだいきさつがある。

なお量産型の本機三機が参考機として、イギリス海軍の厳重な監視網をくぐり抜け一九四〇年(昭和十五年)に船便で日本に持ち込まれたのだ。この三機は直ちに海軍霞ヶ浦基地に運び込まれ、試験飛行が行なわれた。このとき一機が最高時速六六五キロ、上昇限度九九〇〇メートル、航続距離八九五キロを記録した。そして調査の後に、旋回性能を中心とする運動性が日本機に比べ悪いなど、最高速力以外は当時制式化されつつあった日本海軍の零式艦上戦闘機に大きく劣るものとされ、それ以上の試験は中止されたいきさつがあった。

本機の基本要目は次のとおり。

全幅　九・四〇メートル
全長　八・二〇メートル
自重　二〇七〇キロ
エンジン　ダイムラー・ベンツDB601(液冷倒立V一二気筒)
最大出力　一一〇〇馬力
最高時速　六七〇キロ
上昇限度　九〇〇〇メートル
航続距離　九〇〇キロ
武装　二〇ミリ機関砲一門、七・七ミリ機関銃二梃

③試作長距離戦闘機　メッサーシュミットMe109Z

本機は一機の試作機が完成したが、図面は残されているものの、現在に至るまで実機の写真が公表されていない。

これはメッサーシュミットMe109戦闘機の胴体を二機分ならべ、主翼と水平尾翼で繋ぎ合わせたような機体である。アメリカのノースアメリカンP51戦闘機の胴体を二機、主翼と水平尾翼で繋ぎ合わせて完成させたP82戦闘機とまったく同じ発想の戦闘機である。本機は一九四三年に試作されたとされているが、その詳細は不明な部分が多い。

Me109Zはメッサーシュミットの胴体を左右二機分ならべ、新たに矩形の中央翼と長方形の水平尾翼で繋ぎ合わせて完成させた機体である。本機はノースアメリカンP82のように長距離戦闘機を目的に開発したものではなく、合計一〇〇〇キロまでの爆弾を搭載し、戦闘爆撃機として使うことを目的とした機体であるとされている。最高速力は時速七〇〇キロを想定し、武装は二〇ミリ機関砲三ないし五門を搭載する計画であった。

本機の搭乗員は左側の胴体の操縦席に収まり、右側の胴体の操縦席は撤去し、ここは成形され内部は燃料タンクとされた。

本機の外観上の特徴はその主脚で、重量ある爆弾を搭載するために、既存の主脚のトレッド（脚柱間の距離）を極端に縮め、各胴体に外側収容の脚を二基ずつ装備し、四車輪式の脚となっている。前方から眺めると、あたかもダブル車輪のように見える構造になっていた。

本機は実用性に種々の問題があるとして実用化されることはなく、廃棄処分したとされている。本機の基本要目は次のとおりである。

全幅	一三・二八メートル
全長	八・九五メートル
自重	五四二〇キロ
エンジン	ユンカース・ユモ213（液冷倒立V一二気筒）二基
最大出力	一三〇〇馬力
最高時速	七四四キロ（計算値）
上昇限度	不明
航続距離	一九九五キロ（最大）
武装	二〇ミリ機関砲三〜五門
	爆弾一〇〇〇キロ

177　③試作長距離戦闘機　メッサーシュミット Me109Z

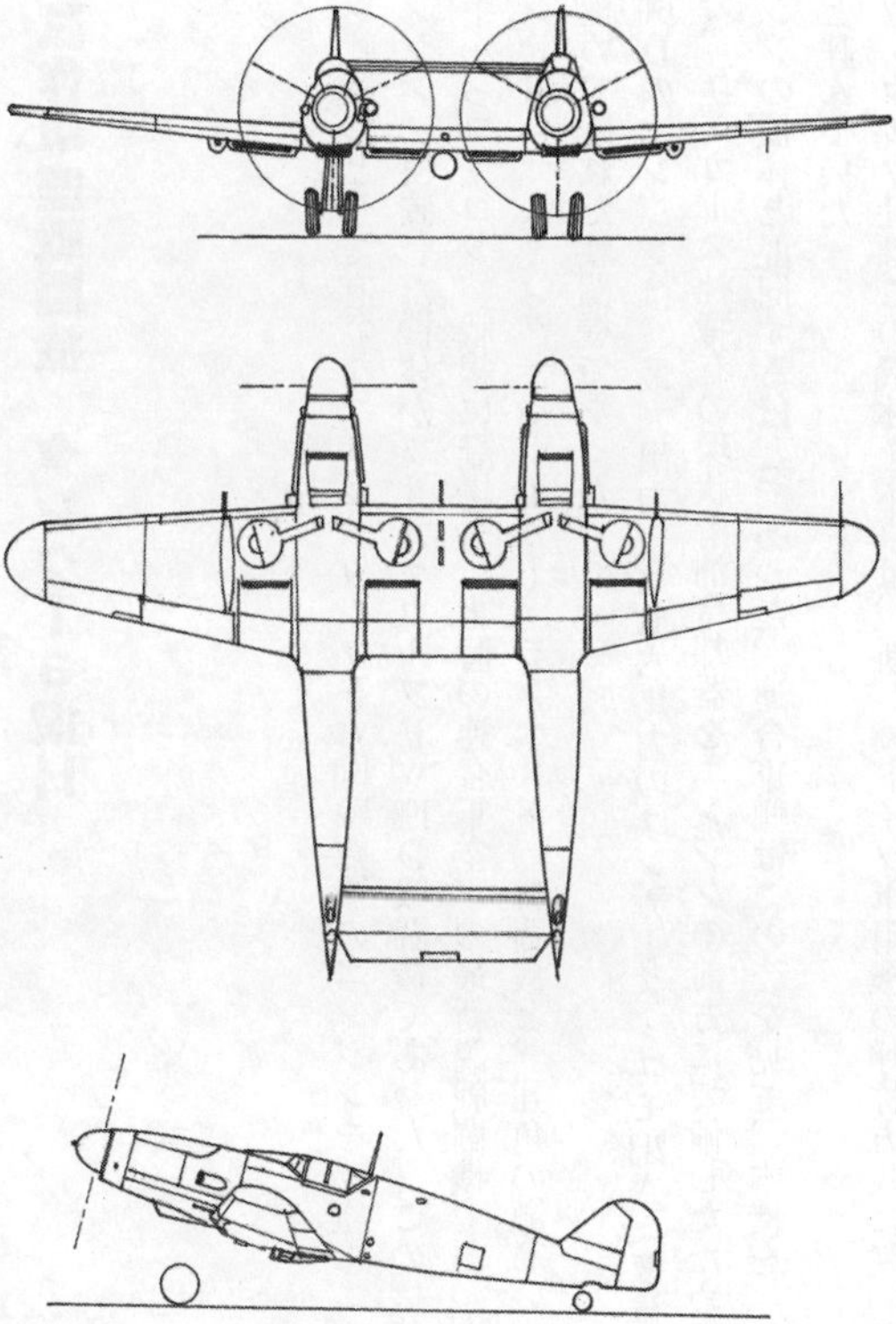

試作長距離戦闘機　メッサーシュミットMe109Z

④試作単座戦闘機　タンクTa152H

ドイツ戦闘機として有名なフォッケウルフFw190戦闘機のエンジンを、空冷エンジンから液冷エンジンに換装した機体がフォッケウルフFw190D戦闘機であった。この機体は一九四四年後半からヨーロッパ戦線に登場し、当時の連合軍空軍の最新鋭戦闘機であったノースアメリカンP51「マスタング」やホーカー「テンペスト」戦闘機と、互角の激しい空中戦を展開した極めて優れた戦闘機であった。

Fw190Dのエンジンは、最大出力一七七六馬力のユンカース・ユモ213A（液冷倒立V一二気筒）で、ユンカース社特有の環状滑油冷却器をエンジンの前方に装備したために、一見空冷エンジンの機体と混同するほどであった。連合軍側はこの姿を見て、本機を「長っ鼻フォッケ」と呼んでいた。

フォッケウルフ社はこの機体を本来は、新しいドイツ軍用機の呼称方式に従いTa152の呼称の下で開発する計画であった。しかしドイツ空軍は本機をFw190Dの呼称で登場させたいきさつがあった。

一九四四年以降、新たに開発される軍用機の呼称については、それまでの製造メーカーの頭文字とは違い、それぞれの機体の設計者の名称が略記号で冠されることになり、クルト・タンク氏の設計に関わる機体は「Ｔａ」の記号が付くことになったのである。したがって本来フォッケウルフＦｗ190ＤはタンクＴａ152Ｄと呼称されるはずだったのである。

クルト・タンクはＦｗ190Ｄの成功を起爆剤に、Ｔａ152のさらなる発展型を開発する計画を進め、Ｆｗ190Ｄの機体に最大出力二一〇〇馬力のダイムラー・ベンツＤＢ603ＬＡエンジンを搭載した機体、タンクＴａ152Ｃを完成させた。本機は一九四四年末から量産が開始された。本機の最高速力は時速七三〇キロを記録する、連合軍側戦闘機の上を行く高速戦闘機であった。

クルト・タンクはさらなる発達型を送り出したのである。その機体は主翼を延長し高々度戦闘能力を増した機体であった。エンジンには最大出力二二三〇馬力のユンカース・ユモ213Ｅを搭載し、機首には同じく環状滑油冷却器を取り付け、最高時速七六五キロという、驚異的な速力を持った機体になったのである。本機の呼称はＴａ152Ｈであった。

Ｔａ152Ｃの量産が始まった頃のドイツは、すでに連合軍やソ連軍が国境を越えて進入し、国内随所で戦闘が展開されている状況であった。工場は連合軍の空爆で破壊され、多くの機体は山岳地帯に応急に構築されたトンネル内の仮設工場で、かろうじて生産が進められていたのである。そして本機が約六〇機生産されたところで戦争は終結したのであった。

完成したTa152Cは二個飛行中隊に配備され、メッサーシュミットMe262ジェット戦闘機が配置された基地の防空任務に就いたとされているが、活躍の時間はほとんどなかったようである。

タンクTa152CとHは、ドイツ空軍の最後を飾る最優秀戦闘機と評価することができるのではないだろうか。この二種類の機体の基本要目は次のとおりである。

Ta152C

全幅	一一・〇〇メートル
全長	一〇・八二メートル
自重	四〇一〇キロ
エンジン	ダイムラー・ベンツDB603LA(液冷倒立V一二気筒)
最大出力	二一〇〇百馬力
最高時速	七三〇キロ
上昇限度	一万二三〇〇メートル
航続距離	一一〇〇キロ
武装	三〇ミリ機関砲一門、二〇ミリ機関砲四門

Ta152H

全幅	一四・四四メートル

181　④試作単座戦闘機　タンク Ta152H

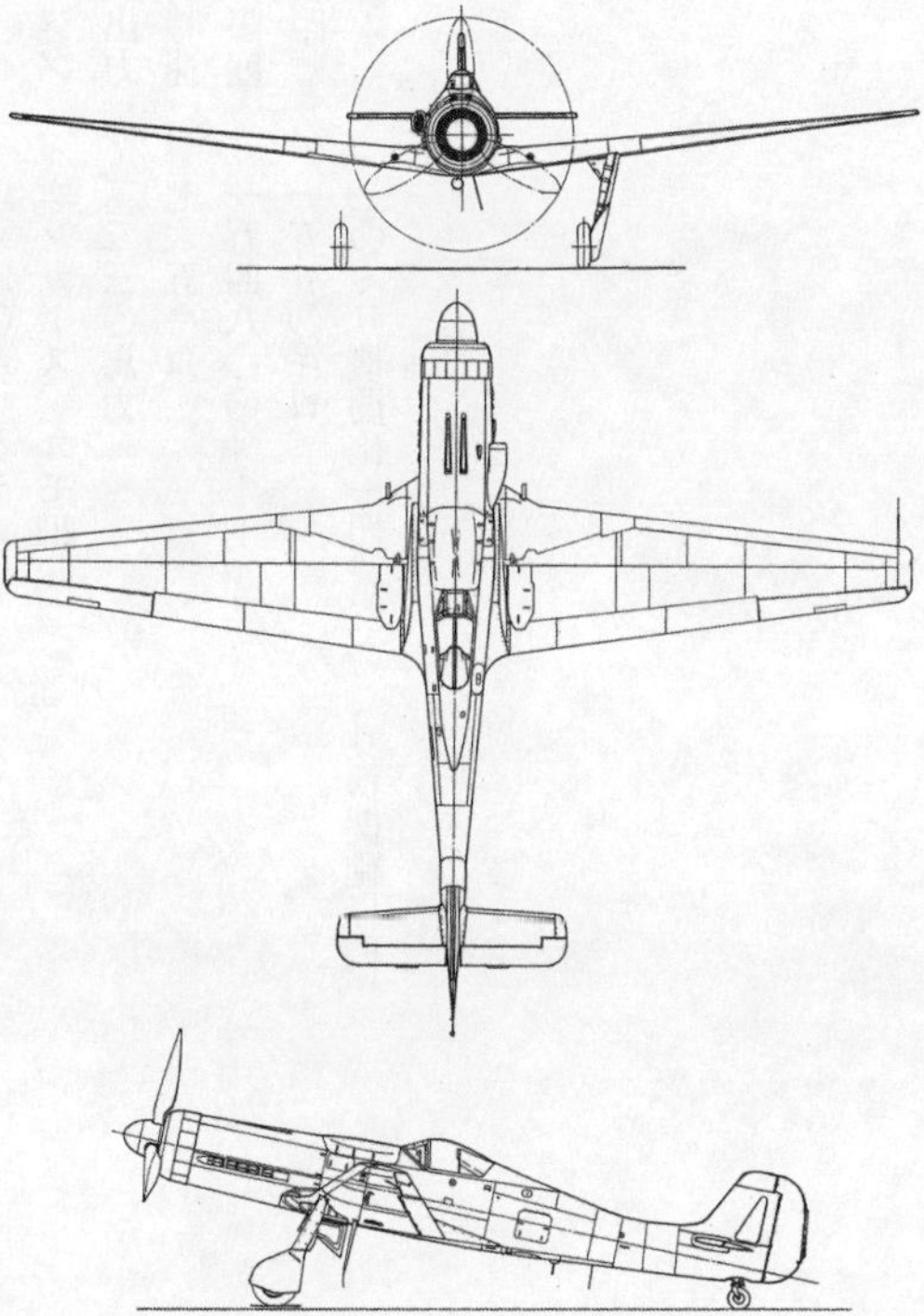

試作単座戦闘機　タンクTa152H

全長	一〇・七一メートル
自重	三九二〇キログラム
エンジン	ユンカース・ユモ213E
最大出力	二二三〇馬力
最高時速	七六五キロ
上昇限度	一万四八〇〇メートル
航続距離	一五五〇キロ
武装	三〇ミリ機関砲一門、二〇ミリ機関砲二門

⑤双発夜間戦闘機　タンクTa154

一九四二年後半から激しさを増したイギリス・アメリカ空軍爆撃機によるドイツ本土爆撃に対し、ドイツ空軍は夜間専用の防空戦闘機の開発を戦闘機メーカーに命じた。これに対しメッサーシュミット社はMe410で、ハインケル社はHe219で、フォッケウルフ社は主任設計者のクルト・タンク設計の双発戦闘機Ta154で応えた。

Ta154は航空機生産用の軽金属材料の節約を考慮し、機体の部材の五〇パーセントを木製で開発することにしたのだ。これには多分にイギリス空軍の全木製のモスキート多用途機の成功が影響している可能性があったとされている。

本機の設計の基本構想は、Fw190Dと同様に環状冷却器付きのユンカース・ユモ211液冷エンジンを二基搭載し、高翼配置で三車輪式の降着装置を備えた高速戦闘機とし、機首に二〇ミリ機関砲四門とレーダーを装備し、胴体背部にも上向きの斜め装備のいわゆる「斜銃」二門を装備した夜間戦闘機とする計画であった。

この「斜銃」は一九四三年以降、ドイツの夜間戦闘機メッサーシュミットMe110にも装備され始め（二〇ミリ機関砲二門）、極めて効果的な兵器であることが証明された。

ソロモンの戦場では、日本海軍がラバウル基地に配置していた二式陸上偵察機の胴体背部に二門の二〇ミリ機銃を装備し、夜間爆撃機に対する迎撃を試みたが、見事に成功し、以後この「斜銃」は日本陸海軍夜間戦闘機の基本武装にもなったいきさつがある。しかし日独双方はこの装備をまったく独自に開発したようで、互いの事前の情報交換の実績や形跡もなく、まさに偶然のたまものであったと考えられている。

本機の試作一号機は一九四三年七月に完成し、初飛行に成功している。試作機は七機（五機説もある）が完成し試験飛行が続けられた。その結果、本機は極めて優れた性能を発揮し、ドイツ空軍本部は直ちに本機の制式採用を決定し、同年十二月には早くも二五〇機の量産命令が出された。

しかし五〇機（三〇機説もある）が生産されたところで本機の以後の生産は中止されたのである。中止の理由は本機の木製部分の接着不良によるもので、これが原因で墜落事故も発生したのだ。そしてその後も接着剤の改良の目途が立たず、本機は生産中止のやむなきに至ったのであった。

接着剤不良の原因は、本機専用に開発された接着剤工場が連合軍の爆撃で全滅し、急遽代用接着剤を使用したが結果は不良の連続で、結局生産中止せざるを得なくなったという。

もし本機が全金属製の機体であれば、戦争後半から末期に激化したイギリス・アメリカ爆

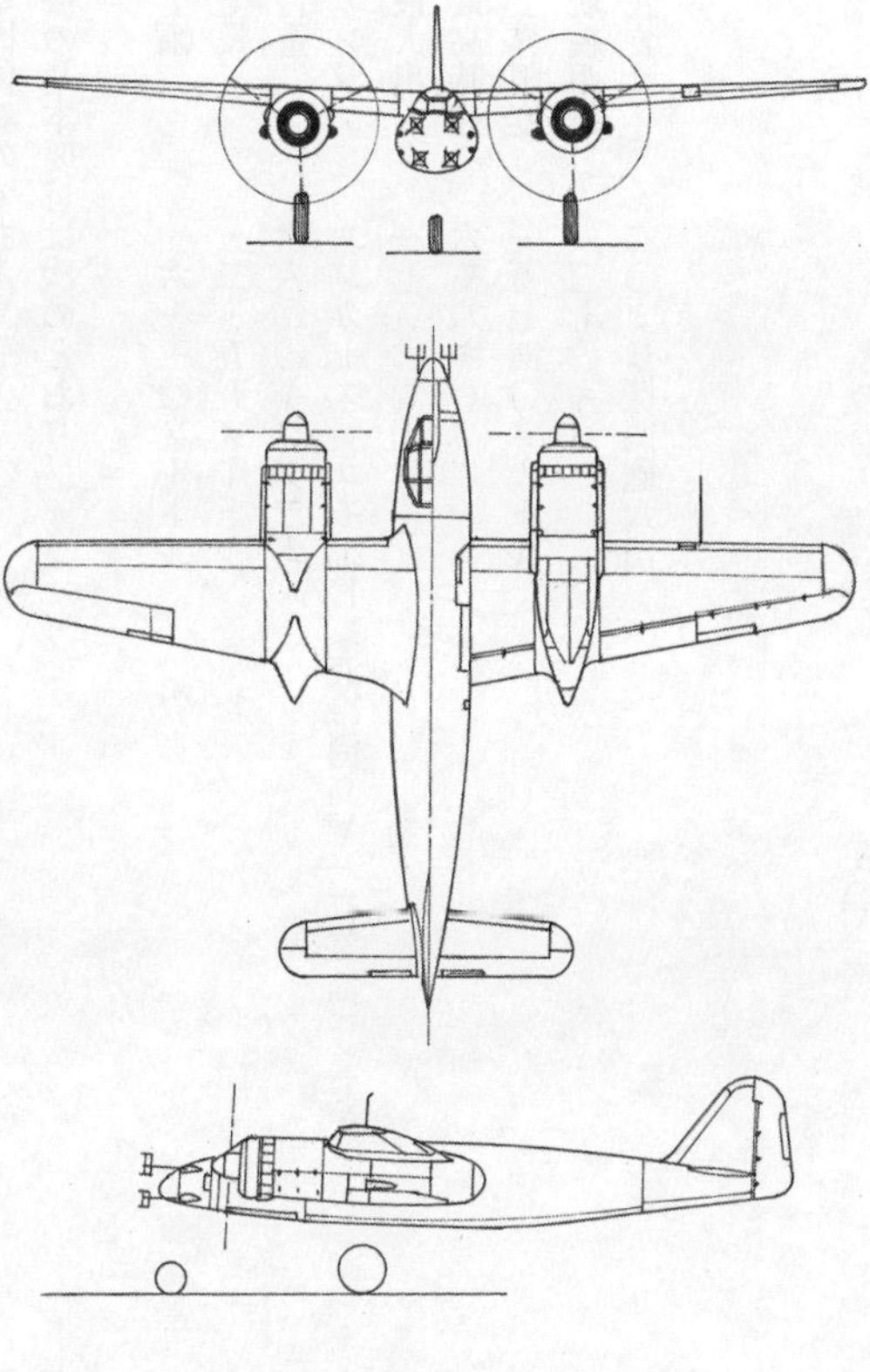

双発夜間戦闘機　タンクTa154

撃機隊のドイツ本土の猛烈な夜間爆撃に対し、かなりの戦果を挙げたものと想像できる惜しまれる機体なのである。

本機の基本要目は次のとおり。

全幅	一六・三〇メートル
全長	一二・五五メートル
自重	六六〇〇キログラム
エンジン	ユンカース・ユモ213E（液冷倒立V一二気筒）二基
最大出力	一七五〇馬力
最高時速	六三八キロ
上昇限度	一万七四〇メートル
航続距離	一三七〇キロ
武装	二〇ミリ機関砲六門

⑥試作単座戦闘機　メッサーシュミットMe309

本機はメッサーシュミットＭｅ109の発展型として、様々な新機軸を取り入れて設計された単座戦闘機で、一九四二年七月に試作機が完成し初飛行が行なわれた。しかしせっかくの新機軸の採用が災いし、高性能を期待されながら試作にして終わった知られざる戦闘機であった。

メッサーシュミットＭｅ109の欠点に対し本機の設計に際し求められた改良点は、次のとおりであった。

イ、トレッドの狭い主脚と脚柱の強化。
ロ、Ｍｅ109より時速五〇キロ以上高速であること。
ハ、操縦席の視界の改善
ニ、着陸滑走距離の大幅な短縮
ホ、武装の強化

以上の改善点を組み入れ新たに設計された機体であっただけに、極めて独創的かつ意欲的な設計の機体として完成した。

本機のエンジンには液冷倒立V一二気筒の、最大出力一八〇〇馬力のダイムラー・ベンツDB605Bが採用された。そして最大の改良点である主脚は、ドイツ軍用機としては初めてとなる三車輪式が採用されていたのである。また視界の悪かった操縦席の風防は水滴式の全周視界式が採用されていた。さらにエンジン滑油冷却装置は、Me109の両主翼下面配置から機首下面に移され、操縦席は与圧式に改良されていた。

これだけでもMe109戦闘機とはまったく別種の機体であることが分かるが、本機にはもう一つの特徴的な改良点が存在した。それは本機が様々な新機軸の採用により重量級の単発戦闘機として仕上がっていたために、着陸滑走距離が大幅に伸びることを考慮し、着陸滑走中にプロペラ取り付け角を逆ピッチにできるよう改良が施されていたことであった。

試作機は寸法的にMe109と大差はないが、様々な改良と新しい装備の追加で機体重量が五〇〇キロ以上も増加していた。

試作機は完成と同時に一九四二年七月に試験飛行が開始された。しかし思わぬことに、離陸のための地上滑走や飛行中の機体の直進性が極端に悪く、偏向気味の機体の修正が困難を極めたのである。さらにそのためか操縦性の悪さが際立っていたのであった。飛行中の機体の偏向癖は容易に改良することができず、さらに滑走路着地直前での着陸速度の大きさ（時速二〇〇キロ）も難点となった。本機を経験の浅いパイロットに操縦させることは困難と判

189　⑥試作単座戦闘機　メッサーシュミットMe309

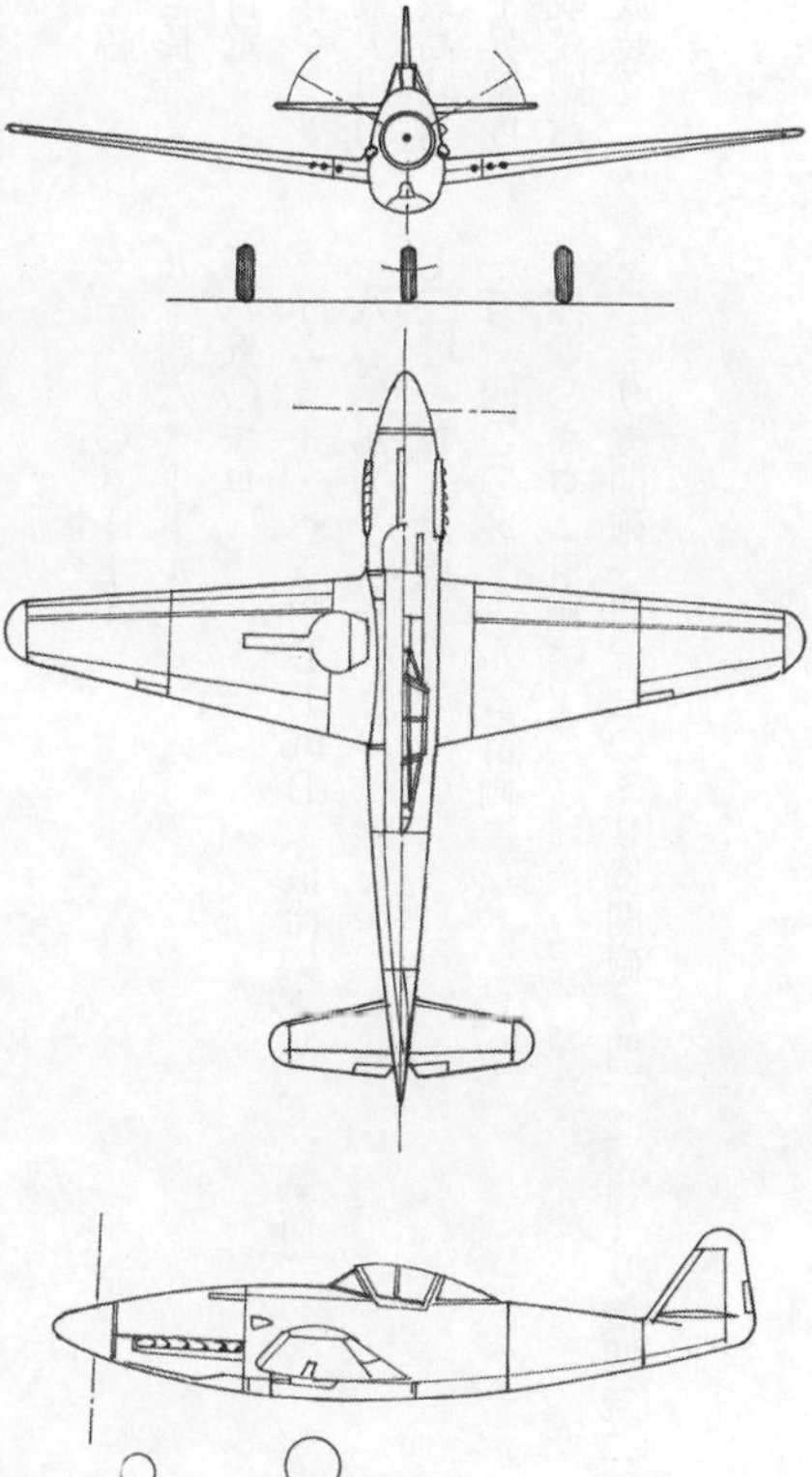

試作単座戦闘機　メッサーシュミットMe309

断されたのだ。

結局本機は性能改良の目途が立たないまま、以後の改良は中止となったのであった。本機の基本要目は次のとおりである。

全幅　一一・〇〇メートル
全長　九・四六メートル
自重　三八五〇キロ
エンジン　ダイムラー・ベンツDB605B（液冷倒立V一二気筒）
最大出力　一八〇〇馬力
最高時速　七三〇キロ（計画）
上昇限度　一万一四〇〇メートル（計画）
航続距離　一四〇〇キロ（計画）
武装　三〇ミリ機関砲一門、二〇ミリ機関砲二門、一三ミリ機関銃二梃

⑦試作単座戦闘機　メッサーシュミットMe209V5

本機の説明は少し複雑なところがある。ドイツは一九三九年四月二十六日に、メッサーシュミットMe209Rという速度試験機で時速七五四・九七キロという、驚異的な世界速度記録を打ち立て、世界中の航空関係者たちを驚かせたのだ。しかもその機体の呼称から、本機が当時ドイツ空軍の第一線戦闘機であるメッサーシュミットMe109の改良型である、という噂が世界中に拡散したのであった。

これは当時の世界の空軍関係者にとっては恐るべき出来事だったのである。それはドイツ空軍の第一線戦闘機として知られ始めていたメッサーシュミットMe109が、世界の戦闘機の平均的な最高時速よりも一二〇キロ以上も早いことを意味していたからである。

やがて不鮮明な写真やその後の情報の分析などから、この機体は実際のメッサーシュミットMe109戦闘機とはまったく違う、特別に作られた機体であるらしいということが不透明ながらわかってきたのであった。しかしその真実が判明したのは戦後のことであった。

この速度試験機はメッサーシュミットMe109とはまったく別の、特別に作られた機体だったのである。その正式な呼称は「メッサーシュミットMe209R」であったのだ。

ドイツ空軍はこの速度試験機の成果を見て、この機体を戦闘機として改良する計画を立て、実際に四機の試作機の設計に入った。これらの四機の試作機はMe209V1〜4と呼称されたが、最終的にはV4が試作戦闘機として審査を受けることになった。しかしこの機体は本来の速度試験機の面影は残しながら、主翼の延長や各種装備の追加などで重量も増し、最高時速も実用戦闘機のメッサーシュミットMe109Eと変わらない性能しか出せず、この改良作業に終止符が打たれたのである。

しかしこの間に試作されていた前述のメッサーシュミットMe309が、Me109の後継機として失敗作に終わったため、ドイツ空軍はメッサーシュミット社に至急、新たな戦闘機の試作を命じたのであった。

ここで同社が急遽開発した戦闘機がメッサーシュミットMe209V5だったのである。ドイツ空軍がこの新型戦闘機に期待した条件は、航続距離が極端に短いMe109に対し、航続距離を大幅に延長し、さらに最大速力の大幅な増加、そして本機の最大の構造的弱点である主脚の改良・強化であった。

メッサーシュミット社がこの機体の設計に際し第一に考慮したことは、現行のMe109の生産ラインを極力活用することであった。このために新しく設計する機体の主翼や尾翼、さらに胴体の多くの部分はMe109と共通部材を使うこととなった。

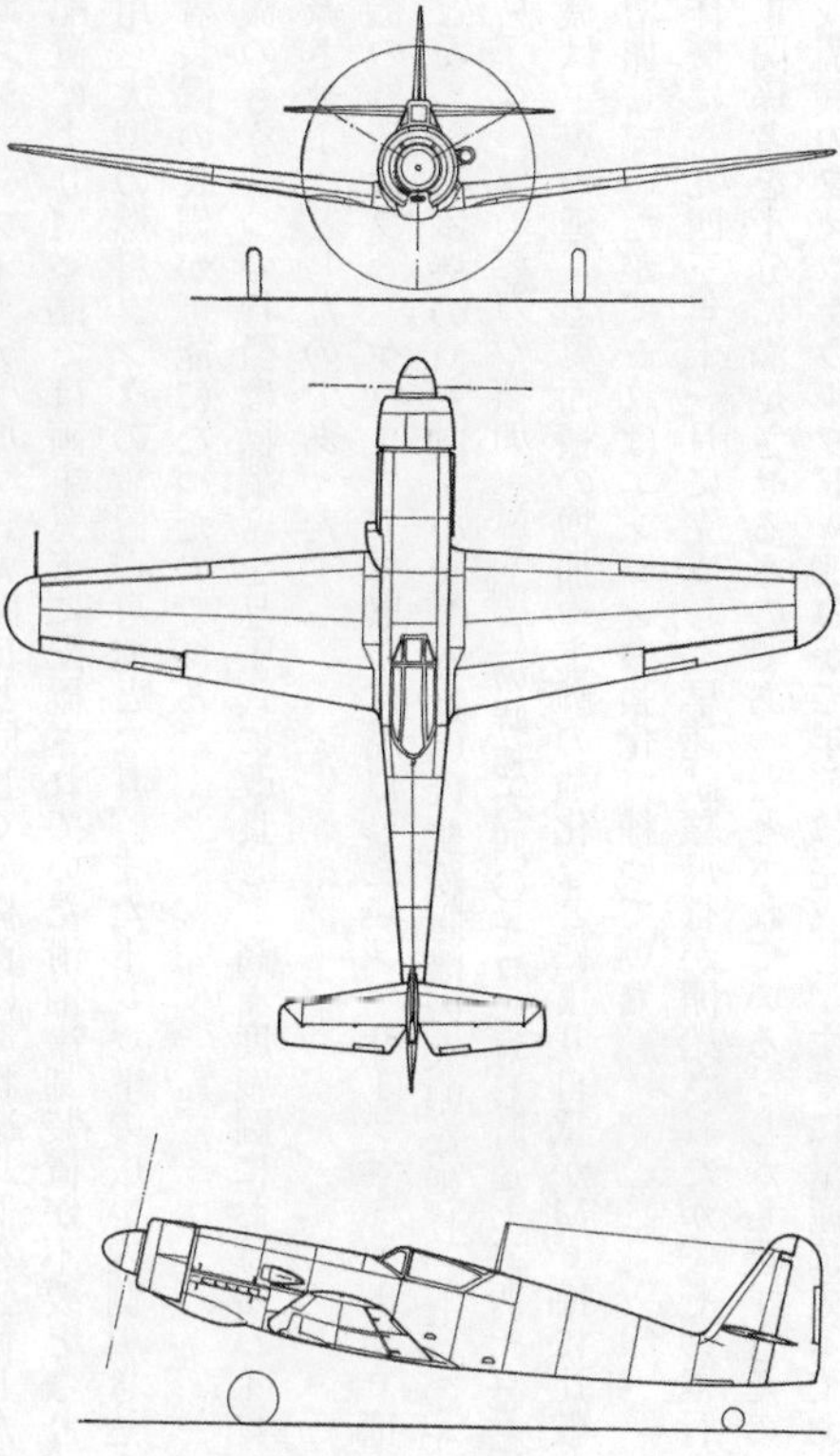

試作単座戦闘機　メッサーシュミットMe209V5

一方、この機体の設計に際しMe109と構造的に大幅に変更する箇所があった。それはエンジンで、搭載するエンジンは最大出力一七五〇馬力のダイムラー・ベンツDB603Aであるが、このエンジンをフォッケウルフFw190Dと同じく、機首に環状冷却器を装備したのであった。この配置によりMe109では両主翼下に配置されていた滑油冷却装置が不要となり、その空間を利用し大型の燃料タンクの設置が可能となり、またトレッドの広い内側引き込み式の強固な降着装置の装備が可能になったのである。

本機のもう一つの特徴は操縦席を与圧式に改良し、高々度戦闘におけるパイロットの負担を軽減させようとしたのであった。

本機の外観はフォッケウルフFw190Dに酷似した「メッサーシュミットMe109」といえる機体となった。本機のMe109との大きな違いは航続距離の大幅な延長（七一〇キロが一四八〇キロ）と、最高速力の増加（Me109Gの時速六四〇キロに対し時速七二四キロ）であった。

本機は主翼の延長と翼面積の増加や主脚の強化などにより自重がMe109に比較し約六〇〇キロ増加していたが、これはエンジンの強化で補っていた。

試作機は一九四三年十一月に完成し、早速試験飛行が開始されたが、その飛行性能はドイツ空軍関係者を十分に満足させるものであったとされている。しかし遅すぎたのである。高性能戦闘機のフォッケウルフFw190Dが二年前に完成し、すでに量産に入っており、新たな戦闘機の生産は資材統制の上から、さらに量産機種の統一から不可能になっていたのであった。

本機は結局試作だけに終わったが、ドイツ空軍の最後を飾るにふさわしい最優秀レシプロ単座戦闘機の資格を十分に備えた機体であったのである。

本機の基本要目は次のとおりである。

全幅　一〇・九五メートル
全長　九・六二メートル
自重　三四七五キロ
エンジン　ダイムラー・ベンツDB603G（液冷倒立V一二気筒）
最大出力　一七五〇馬力
最大時速　七二四キロ
上昇限度　一万二四〇〇メートル
航続距離　一四八〇キロ
武装　一五ミリ機関銃二梃、一三ミリ機関銃二梃

⑧重戦闘機　ドルニエDo335「プファイル」

独創的な発想が多くみられるドイツ軍用機の中でも、この機体はとくに斬新な設計で、しかも実用化が間近に迫るまで開発が進んでいた機体である。本機は戦闘機としては極めて重量のある大型の機体であったが、何よりもその姿の独創性に興味が引かれる機体であった。

本機は一九四二年にドイツ空軍省が求めた、「時速八〇〇キロを出す単座爆撃機」の仕様に対しドルニエ社が提示した機体である。本設計案はドイツ空軍省に正式に採用され、機体番号Do335が与えられた。驚くべきことに本格設計が開始された直後に、ドイツ空軍省はこの機体の用途を爆撃機から多用途重戦闘機に変更したのだ。しかしドルニエ社は基本設計を変更することなく、そのまま設計をつづけたのである。

本機の最大の特徴は胴体の先端と後端にエンジンを装備し、機首のプロペラで機体を牽引し、機尾のプロペラで機体を推進するという櫛型にエンジンを配置して高性能を発揮させようとする、極めて独創的な考えに基づく機体であったことである。

機体前後のプロペラ配置により降着装置は当然ながら三車輪配置となった。また機体の直進性と運動性を確保するために垂直尾翼は、機尾のエンジンの上下に配置され、尾翼は水平尾翼と合わせ十字型配置されていた。

なおプロペラの機尾配置は緊急時の搭乗員の脱出の妨げとなるために、脱出に際しては機尾のプロペラと垂直尾翼が装備された火薬で爆破されるようになっており、さらに搭乗員は圧搾空気の作動により座席ごと機外に射出されるようになっていた。

また前後いずれのエンジンが停止しても、機体の飛行は可能であった。なおドルニエ社は本機の設計に先立ち、前後エンジン付きの小型試験機を試作して試験飛行を実施し、諸データの収集を行なっていたのだ。

試作一号機一九四三年十月に完成し初飛行に成功している。このときの最高速力は時速六〇〇キロに止まったが、操縦性は優れ、すでに優秀機の片鱗を見せていたのである。

ドイツ空軍の本機に対する期待は高く、本機を戦闘機ばかりでなく戦闘爆撃機、夜間・全天候戦闘機、さらに偵察機型や練習機型の増加試作を命じたのだ。このころには迎撃戦闘機用の量産準備が始まっていたが、一九四三年三月の連合軍の爆撃によりドルニエ社の主力工場が壊滅的な損害を被り、試作と量産への準備が大幅に遅れることになったのであった。結局生産ラインの復旧はできず、戦争終結までに作られた本機は各型合わせ三五機に終わったのである。

実戦への参加記録はないが、本機は試験飛行の途中で連合軍戦闘機と遭遇したことがあった。記録によると一九四五年四月にイギリス空軍のホーカー「テンペスト」戦闘機が本機に遭遇し、追跡したが本機は急激に加速し、追跡する「テンペスト」戦闘機を軽く引き離していった、という事実が残されている。このときこの不可思議な形の機体を追跡しようとした戦闘機パイロットは、イギリス空軍第三飛行中隊の中隊長で、撃墜王として著名なピエール・クロステルマン飛行少佐であった。

「テンペスト」戦闘機の最高時速は六八〇キロであるから、この不可思議な機体の最高速力は優に時速七〇〇キロを超えていることが証明されたことになった。

本機は双発ではあるが、主翼にエンジンナセルを持たないために空気抵抗が少なく、高速力を発揮することができたのである。また機首と機尾エンジンの機体はプロペラの回転を逆回転にすることが可能で、機体に与える強力なトルク（回転力）を打ち消すことができ、胴体に静的状態を造り出すこととなり、より高速機に適した配置であったのだ。

本機のエンジンには最大出力一七五〇馬力の液冷倒立V一二気筒の、ダイムラー・ベンツDB603Aが装備され、機首には環状滑油冷却器が装備されていた。

戦闘機型の本機の武装は極めて強力で、最強の装備はプロペラシャフトを通す三〇ミリ機関砲一門と両主翼に装備された三〇ミリ機関砲各一門、そして両主翼に装備された二〇ミリ機関砲各一門であった。本機の基本要目は次のとおりである。

全幅　一三・八〇メートル

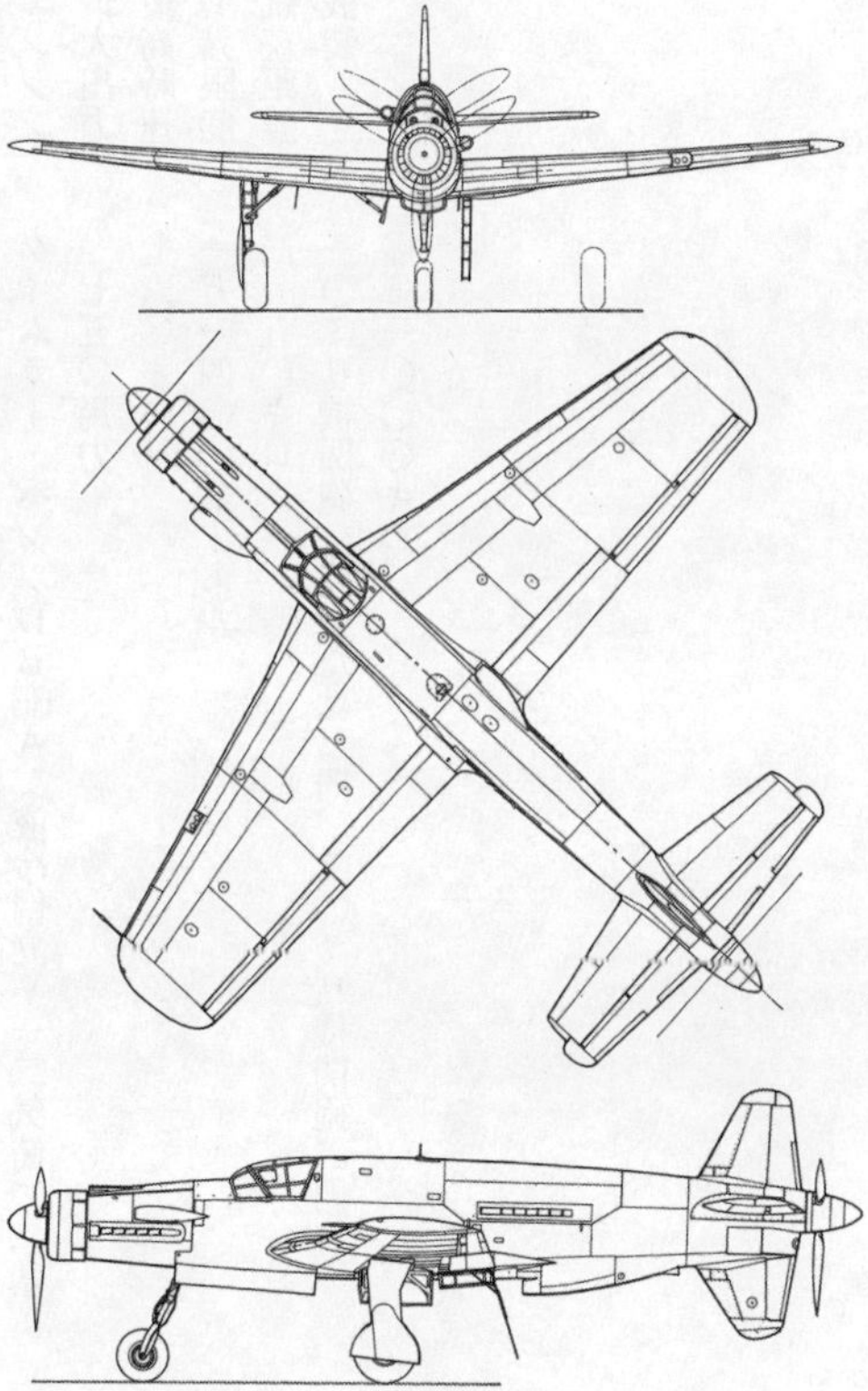

重戦闘機　ドルニエDo335「プファイル」

全長　一三・八五メートル
自重　七四〇〇キロ
エンジン　ダイムラー・ベンツDB603A（液冷倒立V一二気筒）二基
最大出力　一七五〇馬力
最高時速　七六〇キロ
上昇限度　一万一四〇〇メートル
航続距離　二一五〇キロ
武装　三〇ミリ機関砲一門または三門、二〇ミリ機関砲二門
爆弾一〇〇〇キロ

第四章　日本

日本陸海軍が太平洋戦争勃発後に開発し実戦配備についた機体は、海軍の十七試艦上偵察機（後の「彩雲」）と、対潜哨戒機の「東海」以外にはない。戦闘機については太平洋戦争勃発後に幾種類かの機体が計画・設計・試作されたが、実戦配備についた機体は陸軍のキ102乙襲撃機以外にはない。陸軍の「五式戦闘機」や海軍の「紫電改」戦闘機は戦争の最終段階に現われある程度の活躍はしたが、これらは新規に開発された機体ではなく、既存の機体の改修や改設計で完成した機体であり、純粋に戦時中の開発機体とは言い難いのである。

日本陸海軍が太平洋戦争中に開発した機体は、いずれも本来であれば優秀な機体になるはずであったと想像されるが、当時の日本の工業技術と生産体制の未熟さが、素材や装備品の完成度の低さと重なり、完全な機体を完成することができず、右往左往の中で試作のみに終わる結果となったのである。

①試作長距離護衛戦闘機　三菱キ83

本機は爆撃機を援護して敵地奥深くまで進行することを目的とした戦闘機で、昭和十六年（一九四一年）五月に陸軍から三菱飛行機社に対し試作の指示が出された機体である。

しかし設計が開始された後に陸軍は本機を長距離偵察機や地上襲撃機、さらには高々度防空戦闘機として使う計画を追加したために、設計陣は混乱をきたしたのである。このために開発作業は遅れ、最終的には護衛戦闘機に偵察機仕様を盛り込ませた機体として設計することで決まったのだ。こうしたことで設計が完了したのは当初の予定から大幅に遅れ、昭和十八年にずれ込んでしまった。そして試作一号機が完成したのは昭和十九年十月になっていた。

本機は当初、単座双発戦闘機として開発する予定になっていたが、偵察機仕様が盛り込まれたためにコックピットは複座で完成している。ただ風防は大型化せず、単座を思わせる小型の風防となっており、後席の偵察員の居住性には難があった。

本機は高々度飛行を前提条件とすることが開発途中に決まったために、エンジンには最大出力二二〇〇馬力の排気タービン付き、三菱ハ二一一空冷一八気筒エンジンが選定された。

試験飛行は昭和十九年十一月から開始されたが、排気タービンは比較的順調に作動したものの肝心のエンジンの不調が続き、満足すべき試験ができなかった。しかしこの間のスピード試験では高度八〇〇〇メートルで時速六八六キロという高速力を発揮し、本機の高速機の片鱗を見せたのであった。

この頃になると陸軍は本機に求めていた本来の護衛戦闘機の任務は破棄し、高速司令部偵察機や、B29重爆撃機を迎撃する高々度防空戦闘機にと要望が変わってきていたのである。

当初試作機は三機を製作し、その後増加試作機（実戦試験機）三六機を製造する予定であった。ところが昭和十九年末に東海地方は激震に見舞われ、三菱飛行機社など中部地方に主力生産工場のあった航空機製造会社はことごとく大損害を被り、本機のその後の生産は立ち消えとなったのであった。

その後、三機の試作機による試験は細々と続けられたが、一機が事故で失われ、一機が空襲で破壊された。残された一機は戦後、駐留米軍の手により試験飛行が行なわれたが、このとき米軍仕様の上質ガソリンを使い高速飛行試験を実施したところ、本機は非公認ながら時速七六五キロという驚異的な記録を出したのだ。

本機はその後アメリカ本土に運び込まれ試験が続けられた模様であるが、その詳細は不明である。

本機の基本要目は次のとおりである。

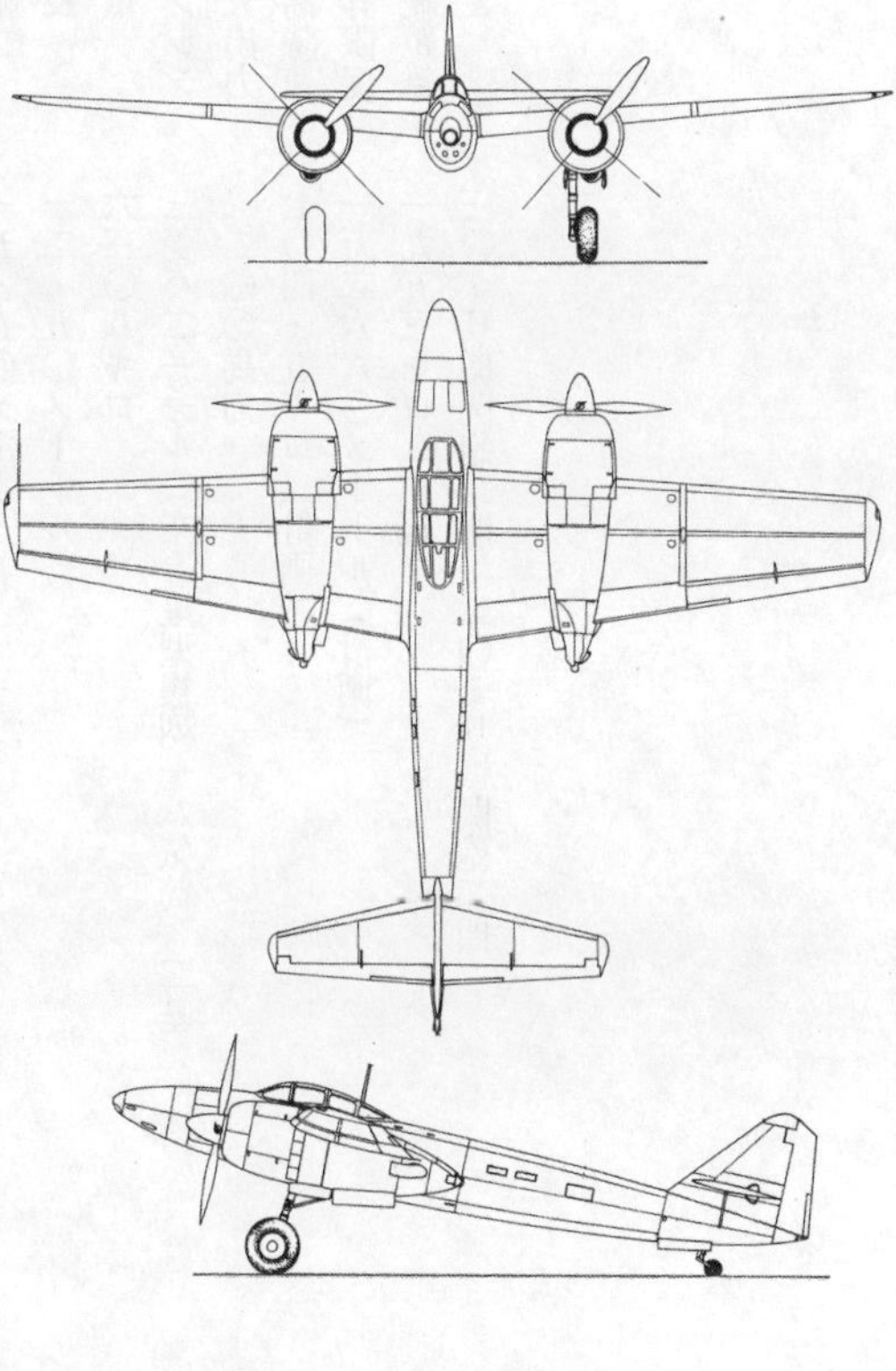

試作長距離護衛戦闘機　三菱キ83

全幅　一五・五〇メートル
全長　一二・五〇メートル
自重　六三〇八キロ
エンジン　三菱ハ二一一ル（空冷星型複列一八気筒）二基
最大出力　二二〇〇馬力
最高時速　七〇四・五キロ（計画）
上昇限度　一万二六六〇メートル（計画）
航続距離　一九五三キロ（正規）
武装　三〇ミリ機関砲二門、二〇ミリ機関砲二門

②試作高々度戦闘機　中島キ87

アメリカで高々度長距離戦略爆撃機（後のB29重爆撃機）の開発が進んでいる情報を受け、高々度防空戦闘機の開発の必要性を予想した陸軍は、中島飛行機社と立川飛行機社に対しその開発を指示した。この指示が出された昭和十七年十一月当時の中島飛行機社は、後の四式戦闘機キ84（疾風）の量産準備と改良に手一杯の状態で、直ちに陸軍の要求を受諾する状態ではなかった。中島飛行機の設計陣が本機の設計を完了したのは昭和十九年十一月で、予定を大幅にずれ込んでいたのである。

本機の機体番号はキ87と定められ、排気タービン付きエンジンを備えた本格的な高々度戦闘機として設計を完了させたのである。しかし当時の日本の陸海軍は排気タービンの研究は行なっていたが、高温の排気により高速で回転するタービン装置は、材質の開発を含めまだ試作の域を脱しておらず開発陣は苦闘していた。

本機のエンジンには排気タービンを装備した最大出力二四五〇馬力のハ二一九が選定され

たが、このエンジンもそれ自体の稼働と排気タービンの稼働は完全ではなく、試験の段階がまだ続いていたのだ。

機体設計陣はこのエンジンを搭載するにあたり、排気タービンを機体のどこに装備すべきか未経験のために激論が繰り返されていた。最終的にはエンジン直後の胴体右側に配置することに決定したのだ。

本機の操縦席は当初の計画では気密仕上げとなっていたが、気密室の経験に乏しい設計陣はこれを断念することにした。

本機の主翼や主脚は独創的であった。主翼は中央翼は水平で、外翼は上反角が付いた後端に前進角が付いたテーパー翼となっていた。そして本機の外観上の最大の特徴は主脚にあった。主脚は中央翼の構造と燃料タンクの配置などから、通常の内側引き込み式が採用できず、アメリカのグラマンＦ６Ｆ艦上戦闘機と同じく、日本機としては初めて主脚を九〇度回転し後方に引き込める方式を採用したのである。

試作機が完成したのは昭和二十年二月に入っていた。排気タービンを作動させずエンジンが好調のときの本機の運動性や操縦性は極めて優れていたと評されているが、エンジンと排気タービンの不調の改善の目途が立たず、ついに肝心の高々度飛行試験も行なえずに終戦を迎えることになった。

本機の基本要目は次のとおりである。

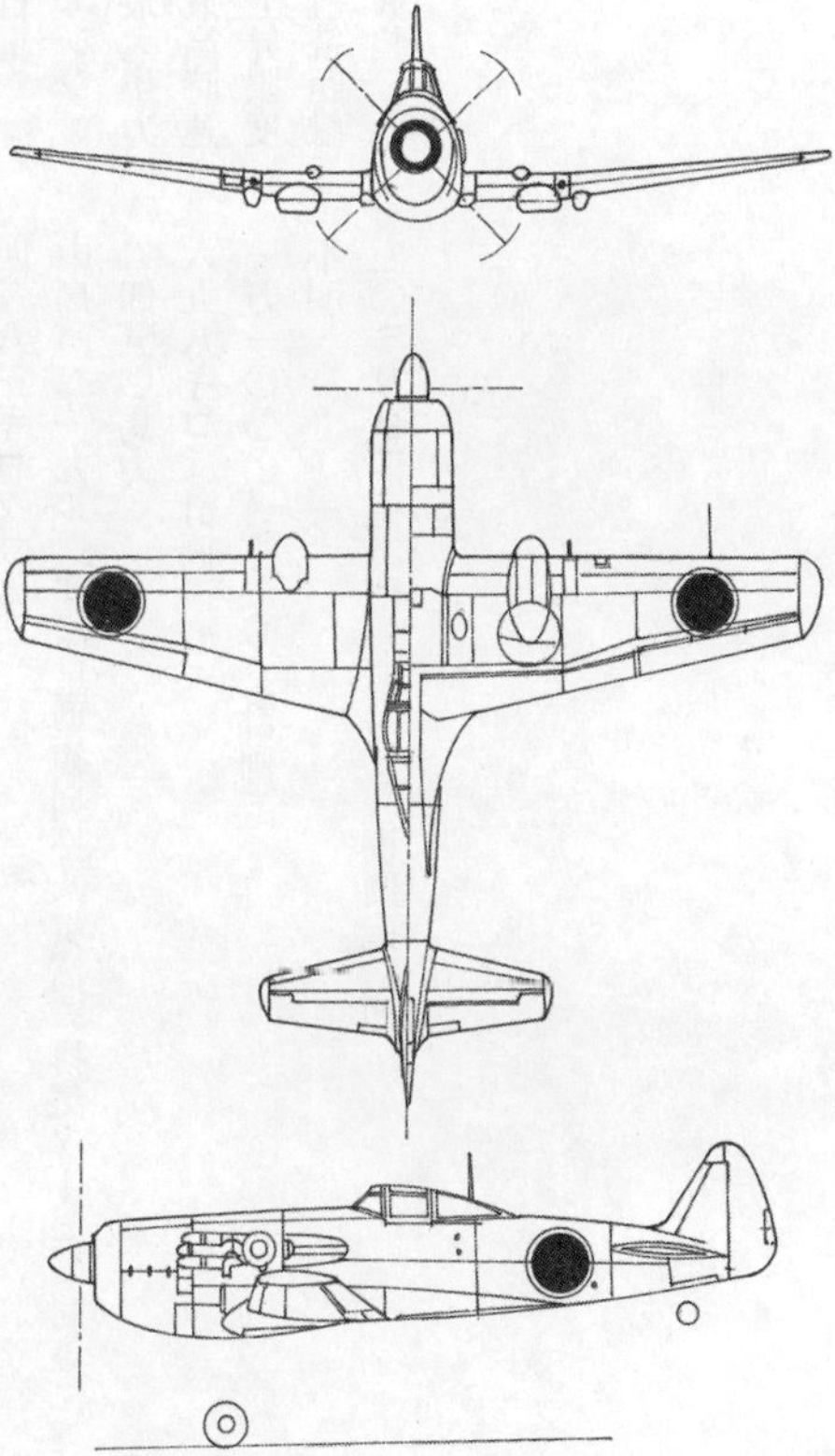

試作高々度戦闘機　中島キ87

全幅	一三・四三メートル
全長	一一・八二メートル
自重	四三八三キログラム
エンジン	中島ハ二一九ル（空冷星型複列一八気筒：排気タービン付き）
最大出力	二四五〇馬力
最高時速	六九八キロ（計画）
上昇限度	一万一〇〇〇メートル（計画）
航続距離	不明
武装	三〇ミリ機関砲二門、二〇ミリ機関砲二門

③試作双発単座戦闘機　川崎キ96

二式複座戦闘機キ45改（屠龍）は日本陸軍最初の制式双発戦闘機として実戦に投入されたが、さらに高性能で重武装の双発戦闘機の開発の要望が、陸軍から川崎航空機社に対し出された。

川崎航空機社としてはこの要求に対し二式複座戦闘機の経験から、後席の防御機銃は実戦ではほとんど役に立たず、この機体は単座双発戦闘機として開発する意向を軍に示し、設計を開始したのであった。

陸軍は本戦闘機を高速重戦闘機と位置づけ、一方の川崎航空機社は本戦闘機の基本設計構想は、二式複座双発戦闘機を基本とする方針で作業を進めることになった。

試作機は昭和十八年九月に完成した。本機は重戦闘機と位置づけただけに武装は強力で、機首に三七ミリ機関砲一門を装備し、機首下面には二〇ミリ機関砲二門を装備していた。

試験飛行ではほぼ設計計画値と同じ性能を示し、最高時速も六〇〇キロを記録した。しかし陸軍は当初の用途を変えようとしたが、双発単座戦闘機である本機の実戦での運用方法も定まらず、使用目的を二転三転させる結果となり、ついに本機の採用は見送られることになったのである。

そして本機を基本とした複座型双発戦闘機が新たに開発されることになり、襲撃機、高々度防空戦闘機、夜間戦闘機としてキ102の機体番号の下で別途試作されることになった。この中の襲撃機型のキ102乙が量産に入り、二〇〇機強が生産されたが、実戦に投入される前に終戦を迎えることになったのである。

本機の基本要目は次のとおり。

全幅　一五・五七メートル
全長　一一・八二メートル
自重　四五五〇キロ
エンジン　中島ハ二一一－Ⅱ（空冷星型複列一四気筒）二基
最大出力　一五〇〇馬力
最高時速　六〇〇キロ
上昇限度　一万一五〇〇メートル
航続距離　一六〇〇キロ
武装　三七ミリ機関砲一門、二〇ミリ機関砲二門

213　③試作双発単座戦闘機　川崎キ96

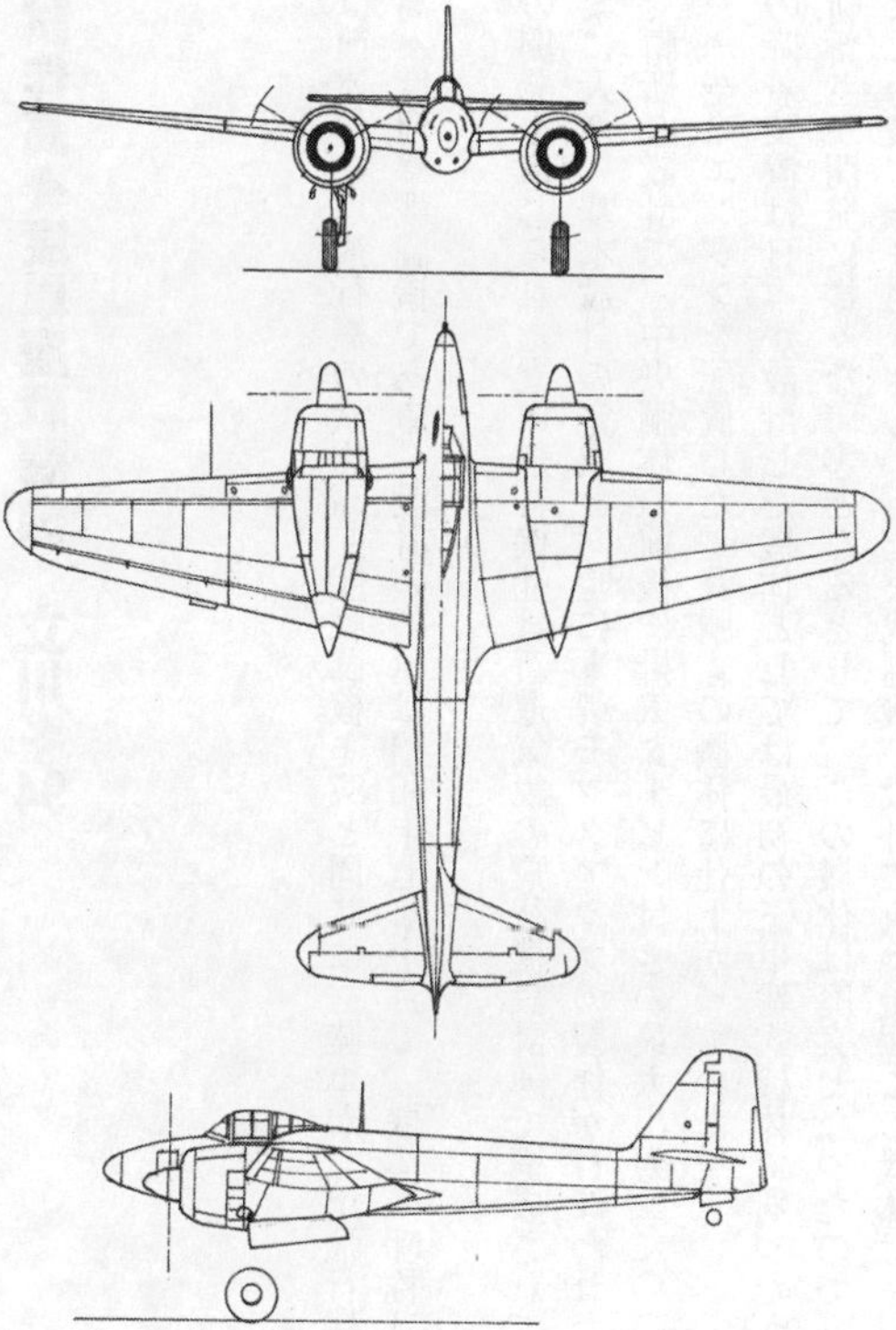

試作双発単座戦闘機　川崎キ96

④試作高々度単座戦闘機　立川キ94

本機は前述の中島飛行機の試作高々度戦闘機キ87と同時に、陸軍が立川飛行機社に試作を命じた高々度迎撃戦闘機である。設計の指示は昭和十七年十月で、機体の呼称はキ94と称された。

本機の開発を命じられた立川飛行機社は新進気鋭の飛行機設計陣で構成されており、早速設計作業に入り、基本設計の完成と同時に木製モックアップの製作が行なわれた。この機体は極めて斬新な設計で、中央胴体の前後に排気タービン付きの最大出力二二〇〇馬力の、三菱ハ二一一空冷エンジンを配置した、双胴式の機体に仕上がっていた。

本機の降着装置は日本が設計した機体としては最初の三車輪式機体であったが、機体そのものの斬新さが開発に様々な障害となるとして、この機体は廃案となったのである。そこで設計陣はこの機体をキ94Ⅰとし、新たな戦闘機の設計に入った。この機体はキ94Ⅱとされ、作業は急ピッチで進められた。

この新しい機体は極めて常識的な姿の機体として設計されたが、改めて排気タービン付きのエンジンを装備し、操縦席は与圧式となった。

本機の高々度飛行時の安定性を考慮し、機体はやや大型化し大きな垂直尾翼が配置され、補助翼の面積も大きくされていた。また排気タービンの装着位置は胴体の下面とし、エンジン排気ガスの冷却とタービン自体の温度上昇に十分な配慮がなされる工夫が凝らされていた。

試作機は強度試験機一機と試作機三機、そして増加試作機一八機の製作が決まっていた。この頃中島製のキ87の実用化が不可能と判定されていたために、陸軍の本機に対する期待は大きかった。

試作機は昭和二十年七月二十日に完成し、エンジンテストも完了し八月十八日に試験飛行が行なわれる予定であった。しかしその直前に戦争は終結し、本機が飛行することはなかった。本機は実用化の可能性が高い機体と考えられていただけに、惜しまれる機体であった。

本機の基本要目は次のとおりである。

全幅　一四・〇〇メートル
全長　一二・〇〇メートル
自重　四六九〇キロ
エンジン　中島ハ二一九（空冷星型複列一八気筒：排気タービン付き）二基
最大出力　二二〇〇馬力

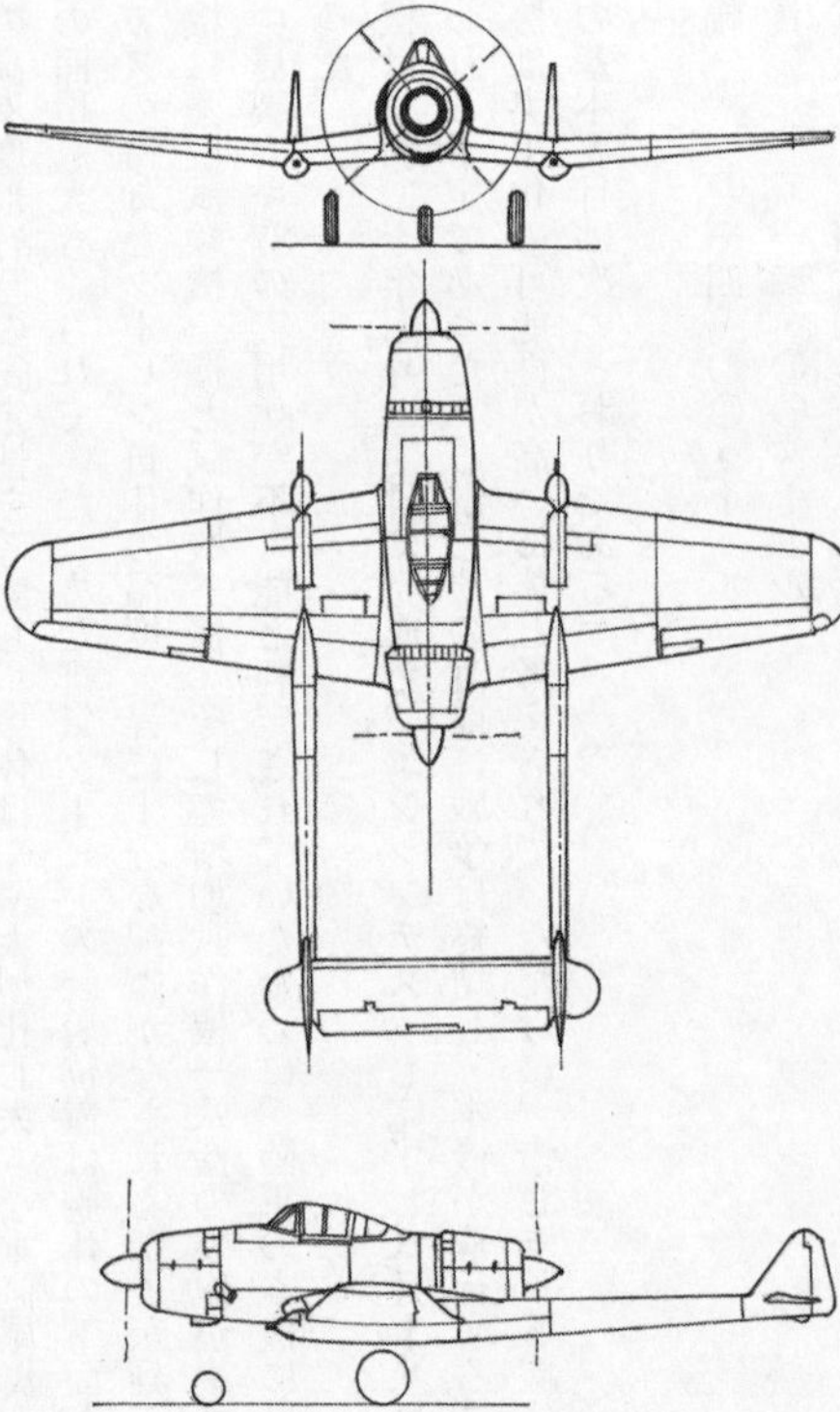

試作高々度単座戦闘機　立川キ94(第1案)

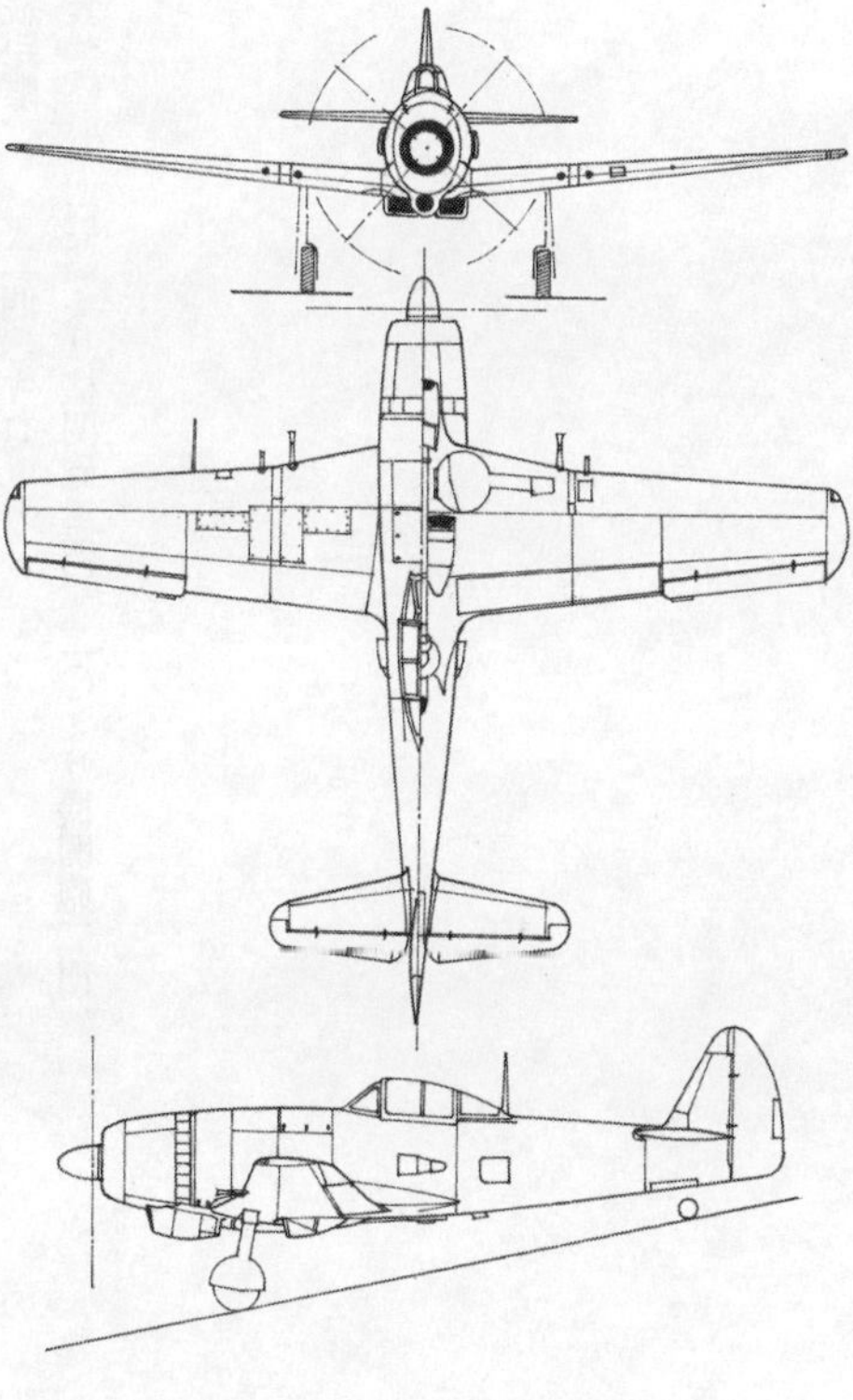

試作高々度単座戦闘機　立川キ94(第2案)

最高時速　七一二キロ
上昇限度　一万四一〇〇メートル
航続距離　一二四〇キロ
武装　三〇ミリ機関砲二門、二〇ミリ機関砲二門

⑤試作強襲戦闘機　満州キ98

満州飛行機社は昭和十三年に日本政府の指導の下で、中島飛行機社と満州重工業社の支援を得て設立された航空機製造・修理・開発会社で、ハルピンに本社を置き、ハルピンと奉天に工場が設置された。

同社は陸軍の九八式直協機や九九式軍偵察機、九七式戦闘機や四式戦闘機などのライセンス生産を開始すると同時に、独自開発の九九式軍偵察機の改良型であるキ71襲撃機などの開発を進めていた。

昭和十七年に入る頃には同社の設計陣も強化され、陸軍は同年中頃に満州飛行機社に対し「戦闘・襲撃機」の開発のテーマを課し、その設計・製作を指示したのであった。

この課題に対し同社の設計陣は極めて斬新な戦闘・襲撃機の設計・試作を開始した。ここで設計された機体は中央胴体・双胴体式で、中央胴体後端にエンジンを配置した推進式機体であった。その形状はアメリカのノースロップ社が開発を進めたXP54試作戦闘機に近似のものとなっていた。

この推進式・双胴式の機体は通常型の機体に比較し形状抵抗が少なくなるという利点はある。しかし機体全体の表面面積が従来型より大きくなり、またプロペラが後部にあるためにプロペラの地面との接触の危険性や、搭乗員の非常脱出に際しての困難など、様々な欠点も存在するのである。

満州飛行機社の設計陣はこれらの問題に対し、開発の主目的を「高速化」に絞り、機体の極力の小型化、強馬力エンジンの搭載、主翼断面の層流翼理論の採用、三車輪式の採用等々、新しいアイディアを詰め込み設計は開始された。

本機のエンジンには最大出力二二〇〇馬力の、開発中のフルカン接手駆動の二段二速過給器付き、強制冷却ファン付きの三菱ハ二一一ル・エンジンが選定された。

第一次木製モックアップ審査は昭和十八年十二月に行なわれ、さらに第二次モックアップ審査が昭和十九年九月に実施された。この審査の結果、二本の胴体間隔の多少の拡張、中央胴体の多少の延長、搭乗員の非常脱出のための胴体下部への脱出口の新設などを考慮し再設計が行なわれることになった。

審査終了後、直ちに試作一号機の製作が開始されたが、その最中の昭和十九年十二月に試作機製作中の奉天工場がB29重爆撃機の爆撃を受け、作業は一時中断することになった。しかし昭和二十年に入り試作は再開され、七月末頃には主翼や尾翼さらに胴体の一部などの機体の主要部分が完成状態にあった。

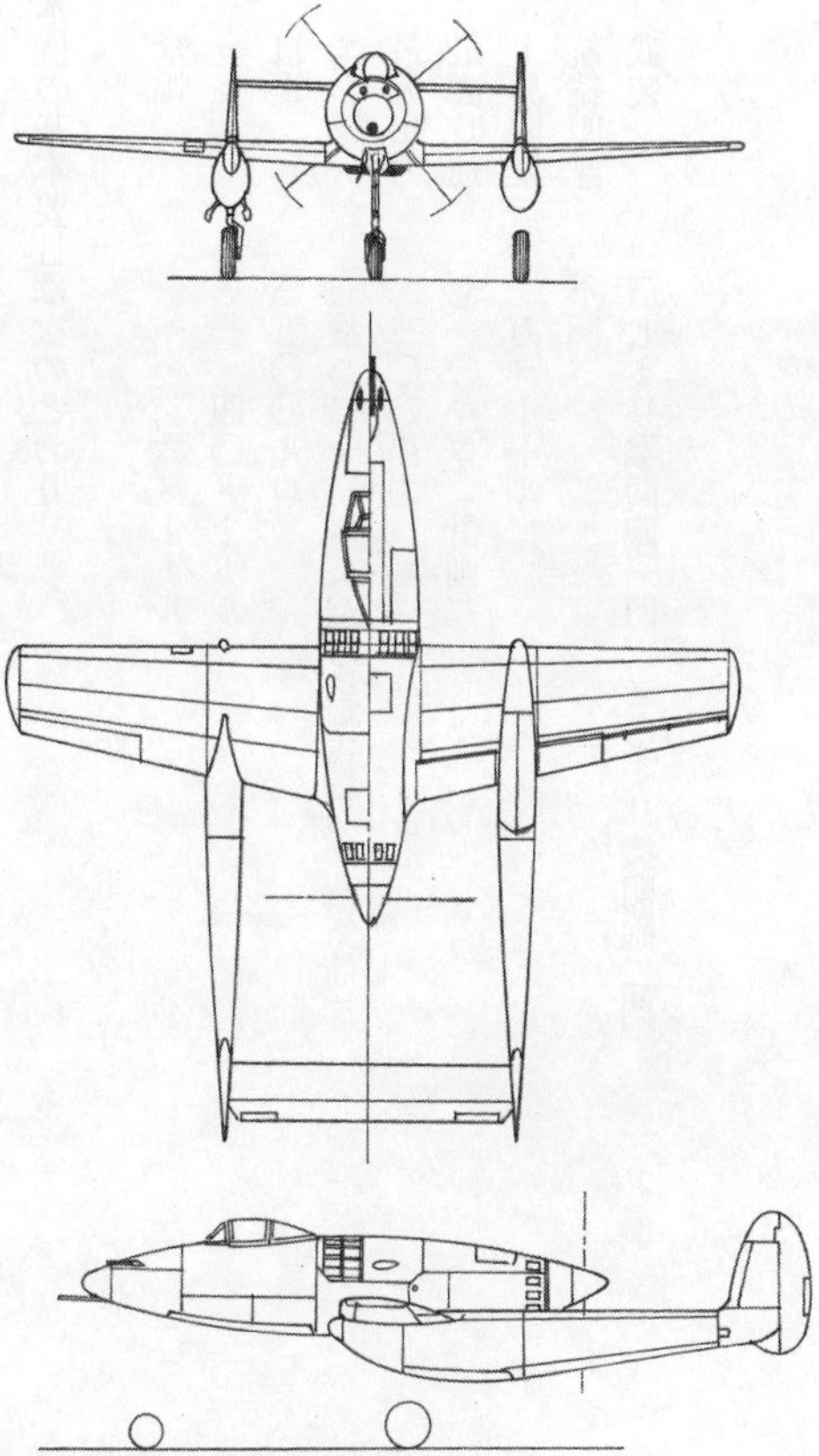

試作強襲戦闘機　満州キ98

しかし八月九日にソ連軍の満州国内への突然の侵攻により、試作は中断され、その後事態を考慮し試作機体は破壊され、設計資料や図面などの一切が焼却処分されてしまったのである。

本機の基本要目は次のとおり。

全幅　一一・二六メートル
全長　一一・四〇メートル
自重　三五〇〇キロ
エンジン　三菱ハ二一一ル（空冷星型複列一八気筒）
最大出力　二二〇〇馬力
最高時速　七一〇キロ（計画）
上昇限度　一万メートル
航続距離　不明
武装　三七ミリ機関砲一門、二〇ミリ機関砲二門

⑥十八試陸上戦闘機　川崎J6K「陣風」

昭和十七年に海軍は川西航空機社に対し高々度戦闘機の試作指示を出した。このとき川西航空機の設計陣は、水上戦闘機「強風」を改良し陸上戦闘機とした「紫電」の試作および試験に忙殺されていた。しかし同社設計陣は「紫電」とはまったく別な、純粋な陸上戦闘機の設計に熱意を示し、直ちに開発作業に入ったのである。

このとき新型戦闘機のエンジンとして最終的に採用したのが、試作中であった三菱ハ四三-一一で、このエンジンには機械駆動式の過給器（フルカン過給器）が付属し最大出力二二〇〇馬力と公表されていたのであった。

設計作業は昭和十七年八月から開始されたが、肝心のエンジンの開発が不調で開発作業は一時中断となった。

しかし一年後の昭和十八年七月に、中島飛行機社開発の二段二速過給器付きの高空用エンジン「誉」NK9Aが完成の見通しがついたことで、海軍は改めて先の十七試陸上戦闘機に代わり十八試陸上戦闘機の設計を、川西航空機社に対し指示したのだ。なお本機については、戦後の一時期「陣風空戦記」などという誤報が流布され、本機の実在が信じられていた時期があった。

本機はグラマンF6F艦上戦闘機と同等、またはそれ以上の性能を持つ機体であることが要求されたのである。つまり最高時速六八〇キロ以上、航続距離二三〇〇キロ以上、上昇限度一万一〇〇〇メートル以上、武装は二〇ミリ機銃四梃等々であった。

設計は順調に進められ昭和十九年六月には木製モックアップの審査も受け合格した。しかし肝心のエンジンの完成の見通しが立たなくなったのである。

当時川西航空機社では陸上戦闘機「紫電」を低翼に改造した「紫電改」の試作と試験が開始されていた。そしてこの戦闘機が極めて高性能が期待できることから、生産を混乱させず量産を優先するためにも、十八試陸上戦闘機のこれ以上の試作は中止されたのであった。この試作機は日本海軍が当初から陸上戦闘機として試作をした最初の機体であった。

本機の基本要目は次のとおりである。

全幅　一二・五〇メートル
全長　一〇・一二メートル
自重　三五〇〇キロ
エンジン　中島「誉」NK9A（空冷星型複列一八気筒：二段二速過給器付き）

225　⑥十八試陸上戦闘機　川崎 J6K「陣風」

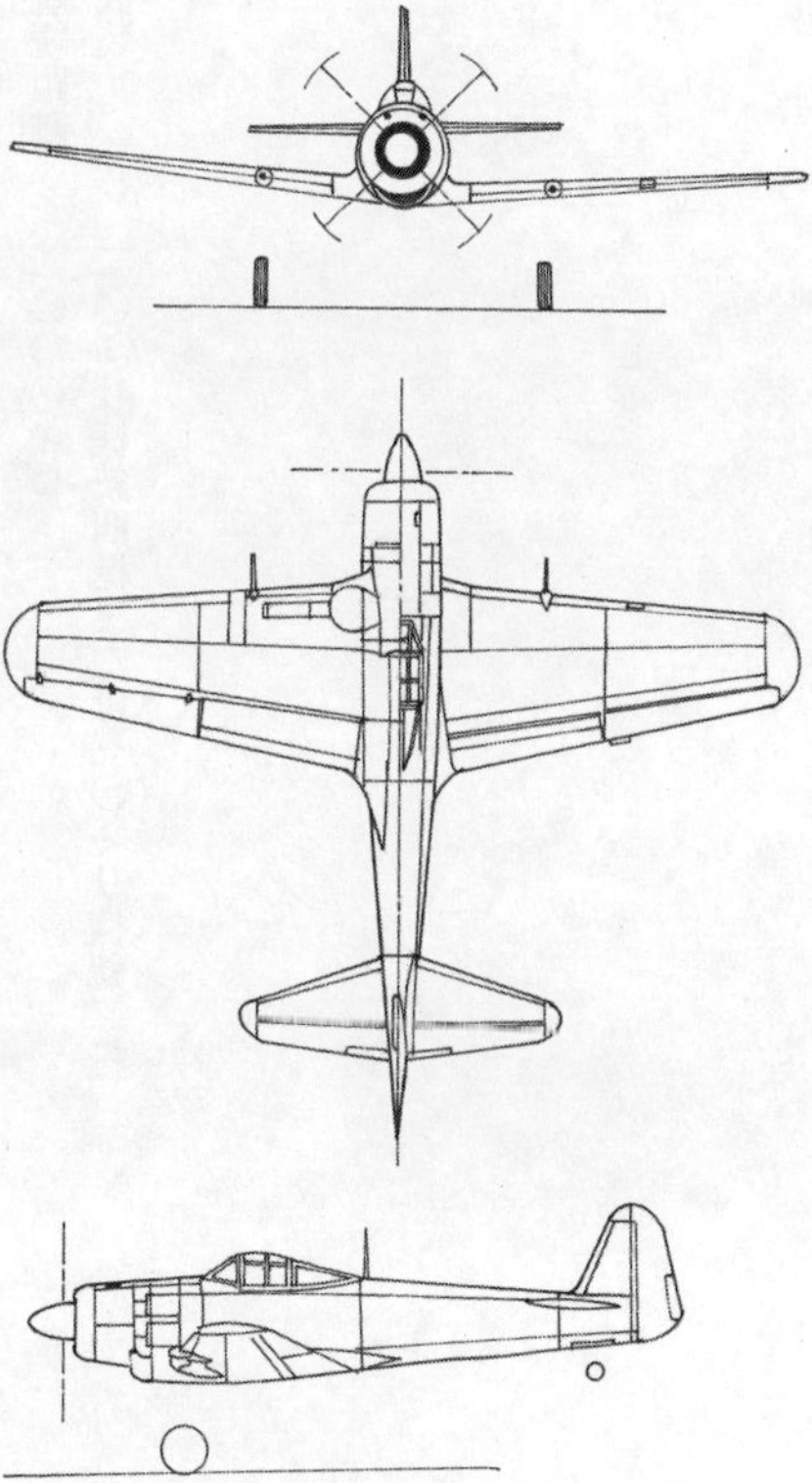

十八試陸上戦闘機　川崎J6K「陣風」

最大出力　二三〇〇馬力
最高時速　六八五キロ
上昇限度　一万三六〇〇メートル
航続距離　二〇〇〇キロ
武装　二〇ミリ機銃四梃または三〇ミリ機銃二梃

⑦十八試夜間戦闘機　愛知S1A「電光」

　昭和十八年に入ると、アメリカの長距離爆撃機B29の量産開始や配備部隊の編成など、実戦への投入の準備が進んでいるという情報が入りだした。

　これに対し日本海軍は愛知航空機社に対し、対B29迎撃用の夜間戦闘機の開発を命じた。当時海軍は中島飛行機社に対し双発戦闘機「天雷」（J5N1）の開発を命じていたが、この機体は局地戦闘機であって夜間戦闘機ではない。

　海軍は初めて夜間戦闘機の開発命令を出したことになった。海軍はこの戦闘機の基本要求性能として、最高時速六八五キロ、六〇〇〇メートルまでの上昇時間八分以内、航続距離一五〇〇キロ以上などの他に、二〇ミリおよび三〇ミリ機銃六梃の装備を指示した。そしてこの二〇ミリ機銃は二梃を胴体背部中央に搭載し「上向き射撃」を可能としたのである。さらに機首には電波探信儀（レーダー）の搭載を求めたのである。

　そしてもう一つの要求を出した。それは当時、陸上爆撃機「銀河」（P1Y1）が量産体制に入っていたために、この新しい夜間戦闘機の多くの部材・部品を陸上爆撃機「銀河」と共通させ、量産の効率化を求めることであった。

設計は急ピッチで進められた。本機は複座で、操縦士の他に電波探信儀担当兼上向き機銃砲塔操作要員を搭乗させることになっていた。

この機体の背部に搭載された二〇ミリ機銃二梃の砲塔は、特設の夜間戦闘機「月光」のように上向きに固定したのとは違い、敵機の下方から自由な角度からの上向き射撃を可能にすることに特徴があったのである。

機体の設計は順調に進められたが、肝心の高空用の排気タービン付きエンジンの遅れから本機の開発は頓挫した。

しかしその中で本機の木製モックアップ審査も終了し、やっと試作機の製作に入る段取りとなった。そして試作一号機がほぼ完成したとき、B29の爆撃で工場が破壊され試作一号機は完全に破壊されてしまったのだ。また続いて試作された二号機も完成直前に空襲をうけて破壊され、日本海軍の制式夜間戦闘機の開発の道は絶たれたのであった。

本機の基本要目は次のとおりである。

全幅　一七・五〇メートル
全長　一五・一〇メートル
自重　七三二〇キロ

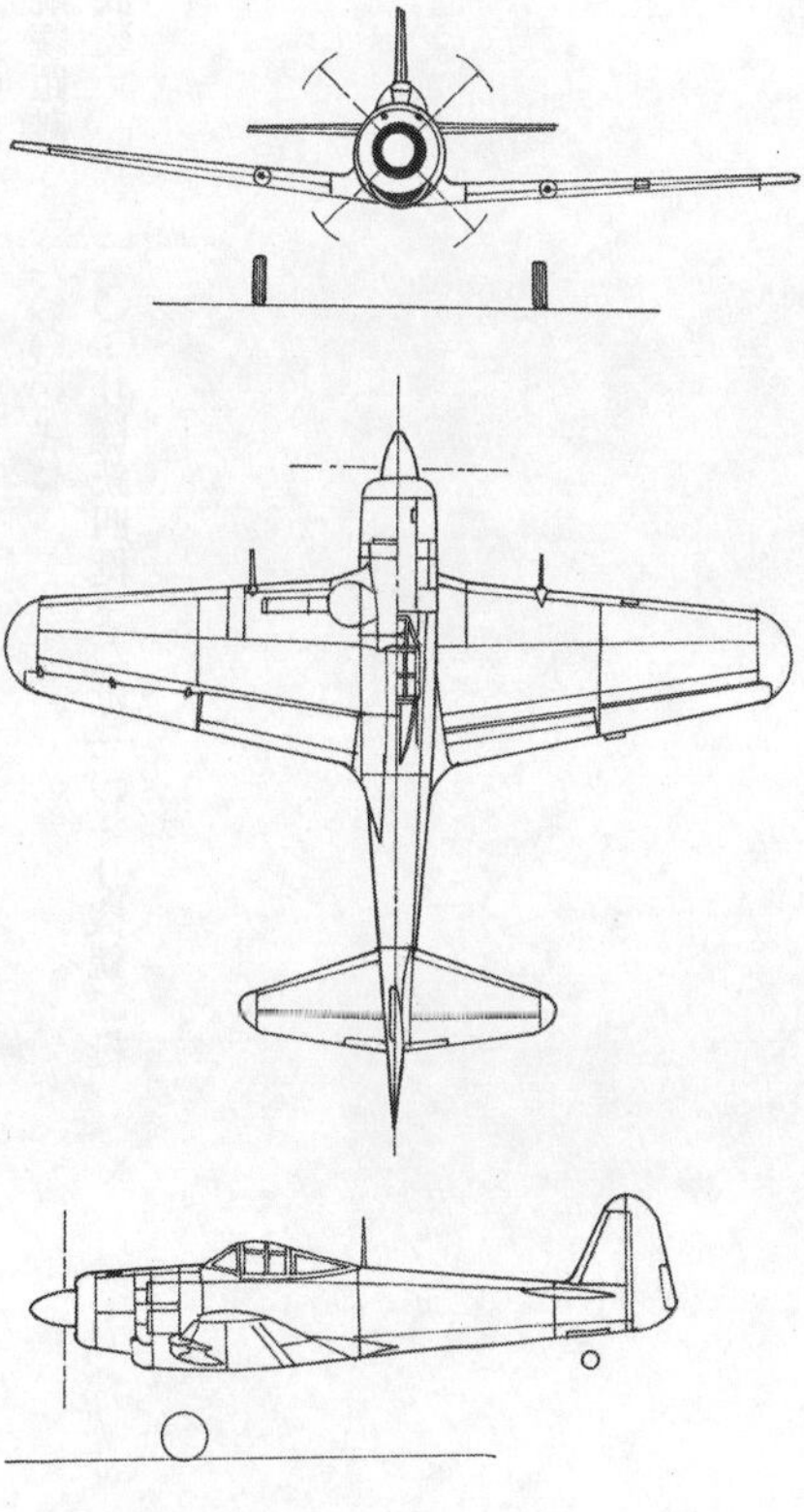

十八試陸上戦闘機　川崎J6K「陣風」

最大出力　二三〇〇馬力
最高時速　六八五キロ
上昇限度　一万三六〇〇メートル
航続距離　二〇〇〇キロ
武装　二〇ミリ機銃四梃または三〇ミリ機銃二梃

217　④試作高々度単座戦闘機　立川キ94

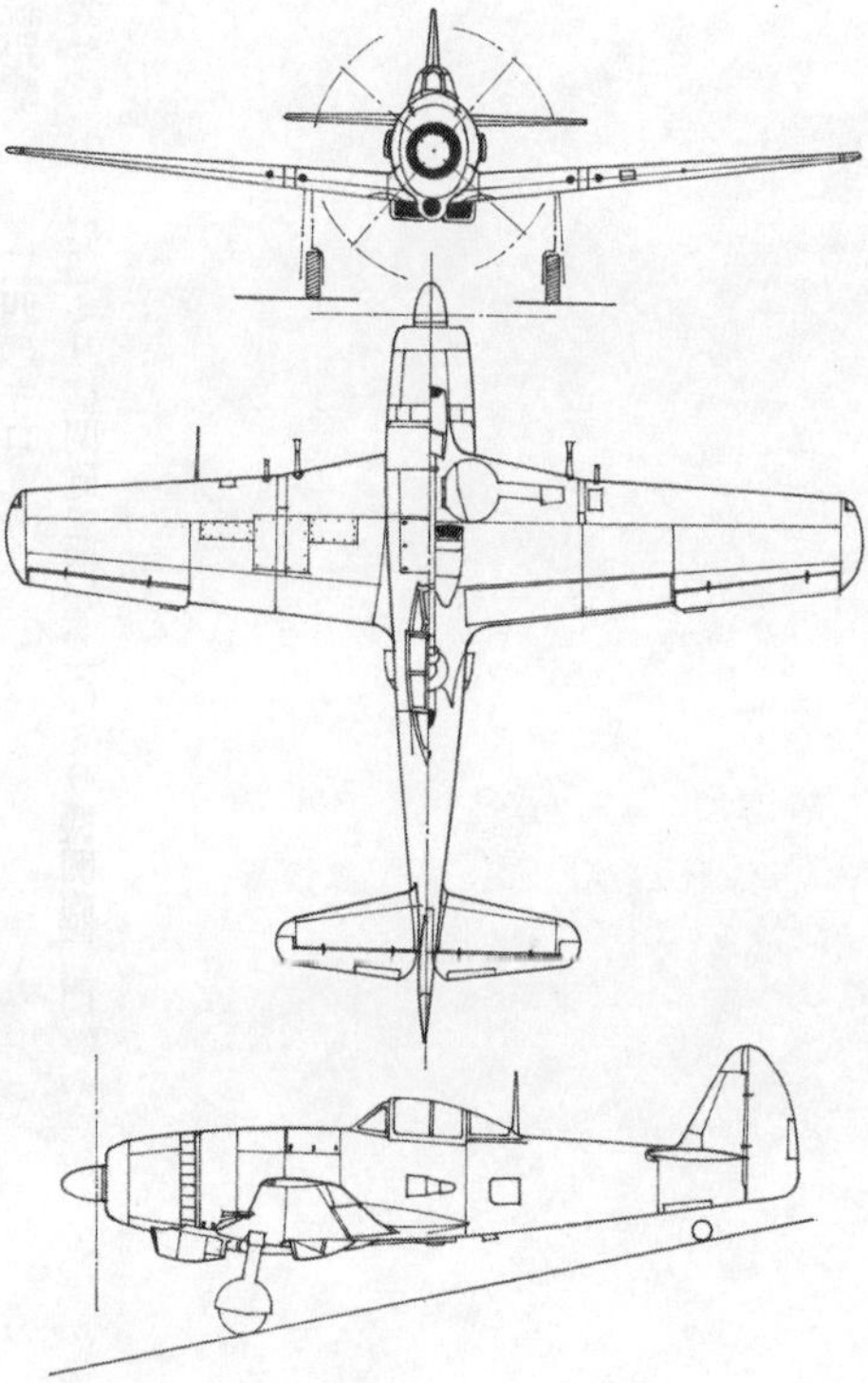

試作高々度単座戦闘機　立川キ94(第2案)

最高時速　七一二キロ
上昇限度　一万四一〇〇メートル
航続距離　一二四〇キロ
武装　三〇ミリ機関砲二門、二〇ミリ機関砲二門

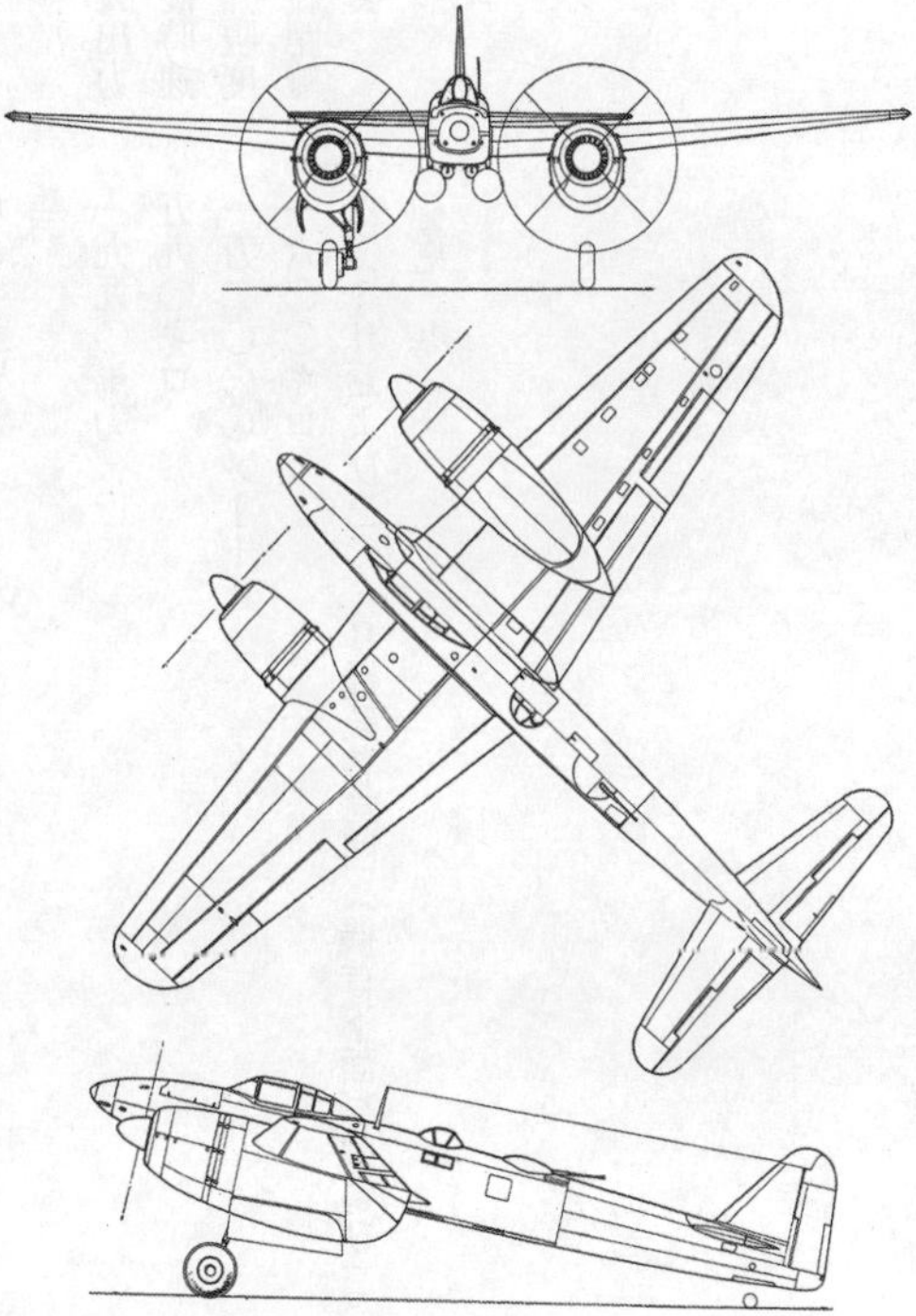

十八試夜間戦闘機　愛知S1A「電光」

エンジン　中島「誉」ＮＫ９Ｋ－Ｓ（空冷星型複列一八気筒：排気タービン付き）二基
最大出力　一九九〇馬力
最高時速　五九〇キロ
上昇限度　一万二〇〇〇メートル
航続距離　一六〇〇キロ
武装　二〇ミリおよび三〇ミリ機銃各二門（機首下面）および二〇ミリ連装機銃砲塔一基

⑧双発襲撃機　川崎キ102乙

川崎航空機社で試作された双発単座戦闘機キ96は、陸軍の双発単座戦闘機に対する用途や用兵上の意見が定まらず、結局は試作の域を出ることはなかった。しかし陸軍はこの機体の高性能をヒントに、同機を高々度戦闘機、地上襲撃機、夜間戦闘機の三種類に特化し開発することを決め、別途開発を進めることに決めたのであった。

この案はキ96を基本的にはそのまま活用し、高々度戦闘機型はキ102甲、地上襲撃機型はキ102乙、夜間戦闘機型はキ102丙として新たに開発を進めることになったのである。

このためにキ102の機体はキ96をほぼそのまま活用したものとし、エンジンと武装などの装備品の違いで区別することになった。

高々度戦闘機型のキ102甲は、昭和十九年六月に搭載予定であった最大出力一五〇〇馬力の三菱ハ一一二-Ⅱル（空冷複列星型一四気筒：排気タービン付き）が完成したために、直ちにこのエンジンを取り付け、試験飛行が行なわれた。このエンジンは比較的順調に作動したために昭和二十年初頭から生産が開始された。

キ102甲は初期生産型二五機が完成すると一五機が陸軍に納入されたが、排気タービンの不調から故障が続き、幾度かのB29迎撃戦闘に出撃したが、そのつどエンジンの不調によって、終戦まで実戦部隊の戦力には至らなかった。

一方襲撃機型のキ102乙は排気タービンを持たないエンジンであり、本来が好調なエンジンであったためにトラブルはなく、終戦までに二二五機が生産され一部実戦部隊への配備が始まった。

本機の最大の特徴は機首に五七ミリ戦車砲が搭載されていることで、地上攻撃や敵上陸部隊の上陸用舟艇の攻撃に用いる予定で、本機の配置部隊は予想される本土決戦のために機体は温存され、終戦時まで戦力として出撃することはなかった。しかし試験飛行の最中に、本機の一機がB29迎撃に出撃し攻撃を行なっているが、このとき五七ミリ機関砲弾の直撃を受けたB29のエンジンが、一瞬にして吹き飛んだ、という記録が残っている。

キ102乙型は五七ミリ砲の他に、胴体機首下面にさらに二〇ミリ機関砲二門を装備するという重武装であった。

夜間戦闘機型のキ102丙は、最も遅れて試作が始まったが、試作一号機が完成した直後の昭和二十年六月に、工場がB29の爆撃を受け、命中弾により同機体は破壊され本機の開発は未完に終わった。

キ102系列の中で唯一実戦配備された「乙」型の基本要目は次のとおりである。

233　⑧双発襲撃機　川崎キ102乙

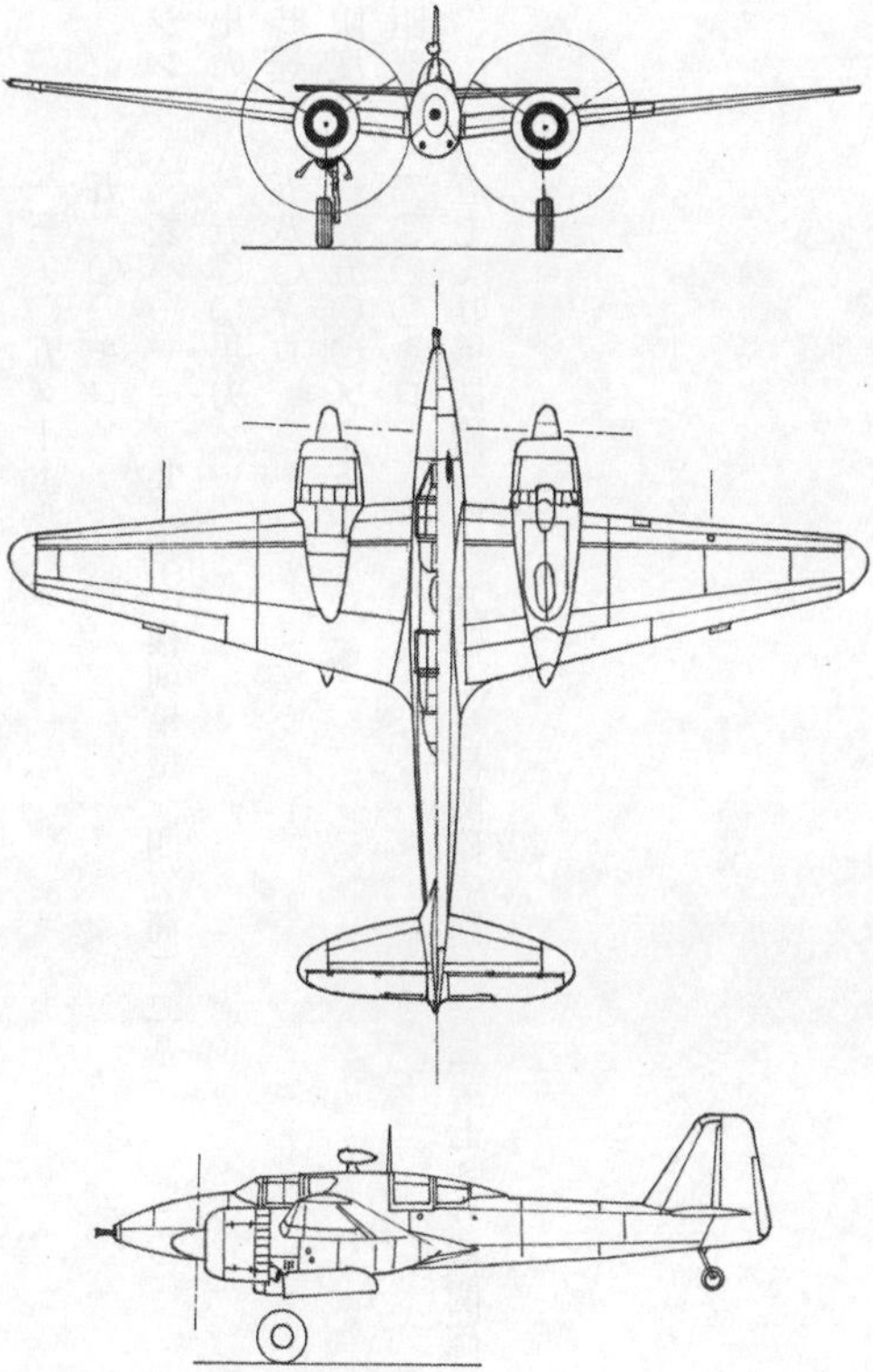

双発襲撃機　川崎キ102乙

全幅　一七・三七メートル
全長　一三・〇五メートル
自重　五二〇〇キロ
エンジン　三菱八一一二－Ⅱ（空冷複列星型一四気筒）二基
最大出力　一五〇〇馬力
最高時速　五八〇キロ
上昇限度　一万五〇〇〇メートル
航続距離　二〇〇〇キロ
武装　五七ミリ機関砲一門、二〇ミリ機関砲二門、一二・七ミリ機関砲一門

⑨試作単座戦闘機 満州キ116

「大東亜決戦機」と称し、大量生産が開始された中島飛行機社開発の陸軍四式戦闘機キ84は、昭和十九年初頭より量産が順調に進められていた。しかし肝心の最大出力二〇〇〇馬力の中島製の「誉」二一エンジン（ハ四五エンジン）の生産が滞っていた。このエンジンは軽量小型で強馬力を発揮する極めて優れたエンジンであったが、工作精度が精密に過ぎ、徴兵のために激減した熟練工作員も影響し、工作精度不良のエンジンが次々と製造されることになったのである。

その結果、機体は続々と完成するが肝心のエンジンの製造が間に会わず、さらに装備されたエンジンの不調が恒常的となり、機体ばかりが量産される事態となり、四式戦闘機の量産は隘路に陥ることになったのであった。

ここにいたって陸軍は一つの解決策を考えたのだ。川崎航空機社が開発した三式戦闘機キ61「飛燕」、とくにエンジンを強化した「Ⅱ型改」は優れた性能を発揮し、三式戦闘機の決定版として増産を促進する計画であった。しかし肝心のエンジン（液冷倒立V一二気筒：ハ一四〇エンジン）の生産が軌道に乗らず、機体は完成したがエンジンのない、いわゆる「首なし機体」が増加することになった。

この事態に陸軍はこの機体に出力が同じ空冷エンジンを取り付け、新しい機体を生み出す対策を講じたのであった。このとき取り付けられたエンジンが、当時としては極めて安定した性能を持つ、最大出力一五〇〇馬力の三菱ハ一一二－II（空冷星型複列一四気筒）エンジンであった。その結果新しい戦闘機（五式戦闘機キ100）が誕生し、終戦直前に大活躍することになったのであった。

陸軍は三式戦闘機の「首すげ替え」の前例にならい、エンジン不良の四式戦闘機キ84のエンジンを、多少出力は低下することを我慢し、このハ一一二－IIエンジンを搭載することで新しい戦闘機を生み出そうとする計画を実行に移したのであった。

このエンジンを搭載する魅力は、エンジンの安定性以外にもう一つあった。それはこのエンジンが「誉」二一に比べ、重量が五〇〇キロも軽いことである。このことは機体重量の大幅な軽減につながり、エンジンの出力低下を補うものとなり、四式戦闘機と同等の最高時速は得られなくとも、旋回性や上昇力などが四式戦闘機より優れた機体になる可能性が十分に備わっており、しかも稼働率の格段の上昇が期待できたのであった。

昭和二十年初頭からは日本国内の軍需工場施設に対するB29重爆撃機の空襲は激しさを増し、中島飛行機社は四式戦闘機「疾風」の生産の一部を、満州のハルピンと奉天にある満州

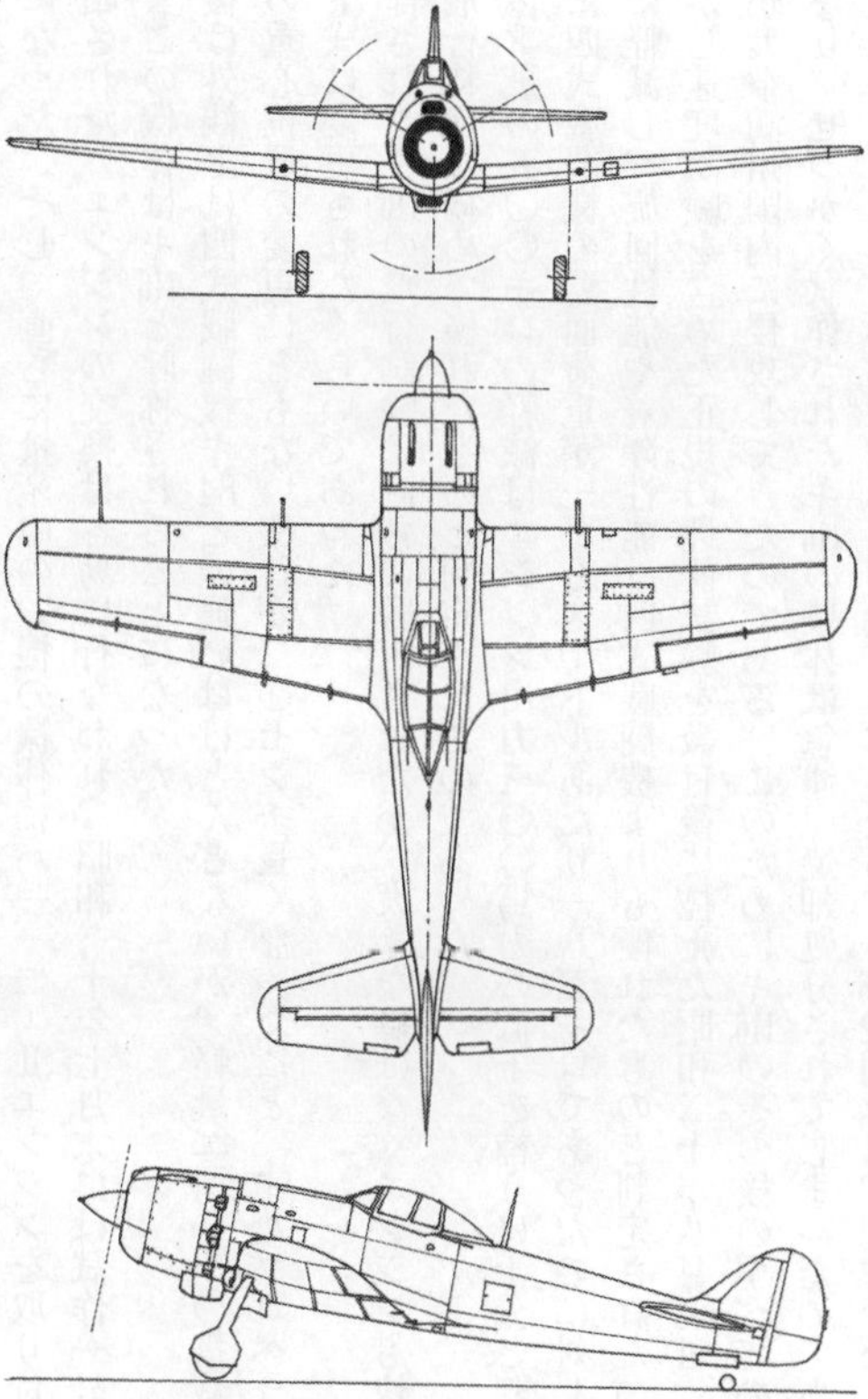

試作単座戦闘機　満州キ116

飛行機社に移設することにし、直ちに機体の生産が開始されたのであった。

陸軍は四式戦闘機のエンジンを三菱ハ一一二-Ⅱに変更する作業をハルピン工場で進めることになった。そして直ちに量産中の一機の機体にハ一一二-Ⅱエンジンを取り付ける作業が開始された。エンジンの交換は容易に行なわれ、昭和二十年七月末には試作一号機が完成した。この機体はキ116と呼称されることになった。

本機は外観上は四式戦闘機キ84との違いはほとんどないが、軽量エンジンの搭載のために機体の重心位置の変更にともない機首が二〇センチ長くなったこと、またプロペラが三枚ブレード式に変更されたくらいであった。

試作されたキ116の飛行試験は直ちに開始されたが、大きな癖はなくエンジンも快調に作動し、飛行特性は極めて優れたものと判定されたのであった。

機体重量の五〇〇キロの軽減はエンジン出力三〇〇馬力の低下を補うに十分と判断され、とくに四式戦闘機の翼面荷重が一平方メートルあたり一八五キロであったのに対し、一六〇キロに軽減し、旋回性能や着陸性能は四式戦闘機よりも優れたものと判定されたのであった。

しかし速度試験を含めた正規の性能試験を数日後に控えた昭和二十年八月九日、突然、ソ連軍が大挙満州国内に侵攻してきたのである。このためにキ116のその後のすべての作業は中止となり、せっかく試作されたキ116の機体は急遽、焼却処分されてしまったのである。

もしこの改良作業が半年ほど早く開始されていたら、キ116戦闘機は、間違いなく陸軍戦闘機の主力となり、短期間ながらも活躍していたであろう。

本機の基本要目は次のとおりである。

全幅　一一・二四メートル
全長　九・九二メートル
自重　二三〇〇～二三〇〇キロ
エンジン　三菱ハ一一二-Ⅱ（空冷星型複列一四気筒）
最大出力　一五〇〇馬力
最高時速　六〇〇～六二〇キロ（推定）
上昇限度　不明
航続距離　一九〇〇キロ（正規：推定）
武装　二〇ミリ機関砲二門、一二・七ミリ機関砲二門

⑩試作双発局地戦闘機　中島J5N「天雷」

昭和十八年に入り海軍は、アメリカで開発が進められている戦略超重爆撃機ボーイングB29の情報を受け、海軍独自でより強力な防空戦闘機の開発を進めることになった。当時海軍はこの防空任務を担当すべき十四試局地戦闘機（後の「雷電」）の開発を進めていたが、思わしい機体の開発にならず苦悩していたときで、海軍は別途により強力な重局地戦闘機の開発に踏み切ったのであった。

本機は双発単座の対爆撃機用の重戦闘機として開発が進められることになった。昭和十八年四月に本機の基本要求性能が決定されたが、その要求とは高度六〇〇〇メートルで最高時速六六〇キロ以上、上昇力が六〇〇〇メートルまで六分以内、上昇限度が一万一〇〇〇メートルとされ、武装は三〇ミリおよび二〇ミリ機銃が各二梃搭載であった。

この要求性能を満たすために設計陣は、本機を双発ながら極力小型にまとめる意向で設計を開始した。そして主翼面積を切り詰めたために、翼面荷重が二二〇キロと大幅な増加とな

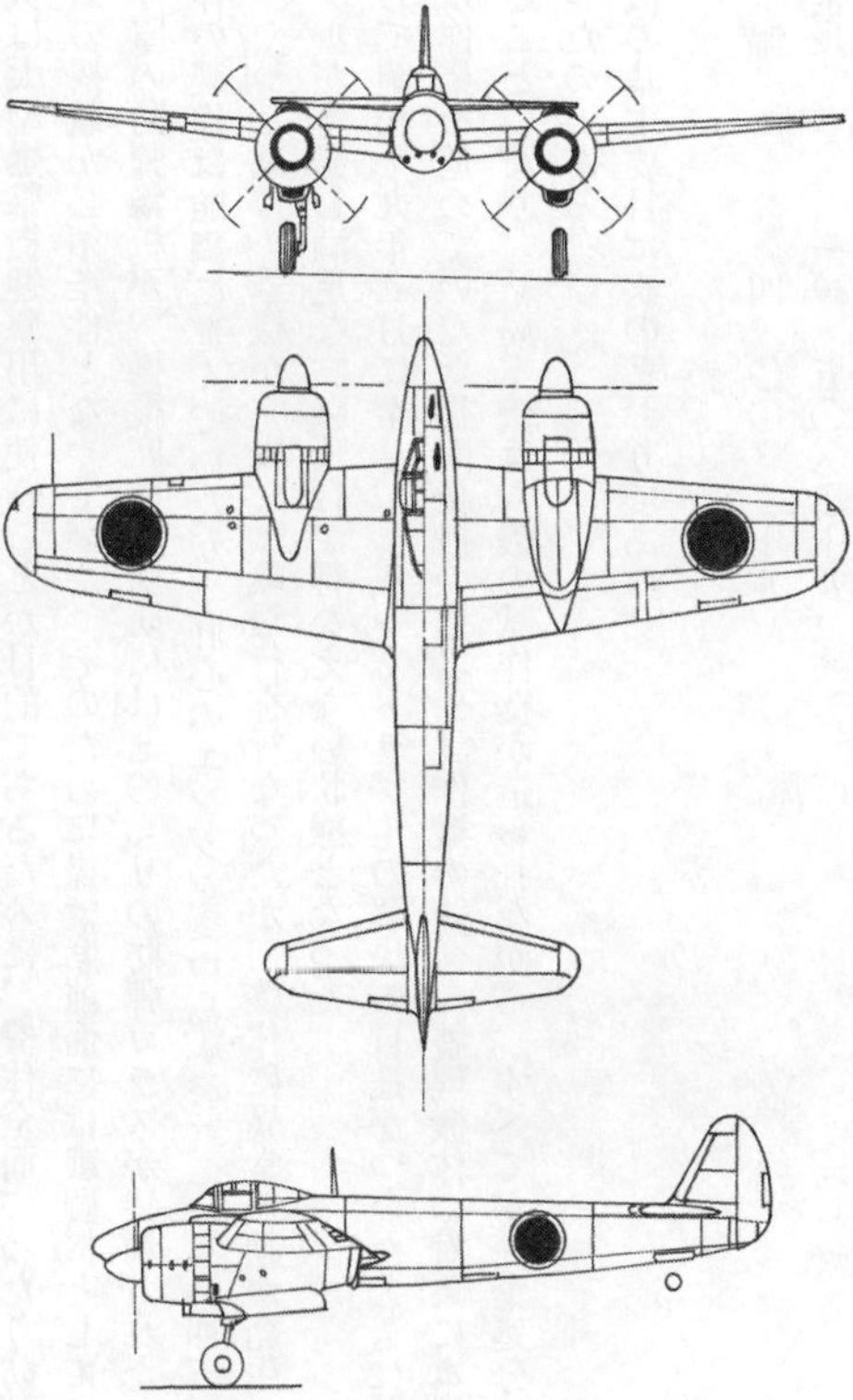

試作双発局地戦闘機　中島J5N「天雷」

り、着陸速度の高速化をまねく可能性が出てきたのだ。しかしこの事態はファウラー式親子フラップの設置と、主翼前端に長いスラットを配置することで解決できる見通しとなった。

本機は大型爆撃機迎撃用に使うことが目的であるために、機体全面にわたり防弾板や防弾ガラスの搭載が必須条件となっていた。そのために操縦席前面には戦闘機としては異例の二〇ミリ厚の防弾鋼板が、操縦席前面風防には七〇ミリの防弾ガラスが装備されたのである。

機体の製作は順調に進んでいたが、肝心のエンジン（中島「誉」二一：ハ四五）の不調が続き、やっと試作一号機が完成し試験飛行を行なったが、機体に異常振動が発生するなどのトラブルが多発し満足な試験飛行が行なえない状態となった。

そして昭和十九年七月に至り、ようやくトラブルの解決の目途がついたときには、すでに海軍が作業を進めていた新規開発機の登場や試作機の統合・整理機体の対象に本機が組み込まれることになり、結局本機は六機の試作機が造られながら、すべてが廃棄処分されることになったのである。

本機の基本要目は次のとおりである。

全幅　一四・〇〇メートル
全長　一一・五〇メートル
自重　五三九〇キロ
エンジン　中島「誉」二一（空冷星型複列一八気筒）二基

最大出力　一九九〇馬力
最高時速　五九七キロ
上昇限度　九〇〇〇メートル
航続距離　一四八二キロ
武装　三〇ミリ機銃二梃、二〇ミリ機銃二梃

⑪十七試艦上戦闘機　三菱J7M「烈風」

本機については従来から種々に紹介され、まさに実戦に間に合わなかった惜しまれる日本の戦闘機という表題にふさわしい機体として知られている。ここでは本機がどのような戦闘機であったのか、真に惜しまれる価値のある戦闘機であったのか、その開発の経緯を紹介したい。

本機は零式艦上戦闘機の後継機として開発が急がれた艦上戦闘機で、海軍が零戦と同じく三菱飛行機社に対し、昭和十七年に試作命令を出した機体である。

海軍は本機の試作命令を前に三菱社に対し、高速戦闘機ではあるが零戦と同じく巴戦（古典的な極端な旋回性能を重視する空中戦）を得意とする戦闘機であることを条件としたのであった。この頃の空中戦は、とくにイギリスとドイツで激闘の続くヨーロッパの戦場では、第一次大戦当時のように、双方の戦闘機がくんずほぐれつの空中戦を行なうスタイルから離れ、編隊・高速による一撃離脱方式の戦いに移行しており、アメリカの戦闘機もこの戦闘方式を基本に開発されつつあった。

高速の機体に空中戦において巴戦を戦わせることは、飛行機そのものの構造や性能と相反することを行なわせることで、設計者にとってはまさに困惑の要求であったのである。

新型艦上戦闘機に対する海軍の要望に対し、設計側の三菱社はジレンマに追い込まれたのである。そして出された回答は、二〇〇〇馬力級の強馬力のエンジンを備えた主翼面積の大きな戦闘機であった。つまり主翼面積を大きくすることにより翼面荷重を抑え、機体に軽快性を発揮させる、というものであった。しかしこのときに絶対必要な条件は、速力の増大のためにも強馬力エンジンの搭載であった。

三菱飛行機社が最終的に海軍に提示した新型艦上戦闘機の仕様は次のとおりとなったのである。

全幅　一四・〇メートル
全長　一一・〇メートル
自重　三一一〇キログラム
エンジン　三菱MK9A空冷星型複列一八気筒
最大出力　二二〇〇馬力
最高時速　六三九キロ

零式艦上戦闘機並みの格闘性能を持たせる高速戦闘機に仕上げるには、零戦よりも翼幅を三メートル、胴体を二メートルも拡大しなければならず、エンジンは約二倍の出力にしなければならなかった。このためにエンジンには三菱社が当時試作中であった二〇〇〇馬力級エンジンを搭載する以外になかったのである。ここに十七試艦上戦闘機の悲劇が始まったのであった。その機体の規模は同じ頃アメリカ海軍が試験飛行中であった次期艦上戦闘機グラマンF6Fよりも大型になっていたのである。

この頃中島飛行機社は二〇〇〇馬力級の「誉」二一を開発中で、このエンジンは同じく開発中の三菱MK9Aより強馬力という触れ込みになっていたのだ。このとき海軍はこの十七試艦上戦闘機には三菱MK9Aではなく、カタログ上はより強力と判断できる中島「誉」の搭載を強引に進め、試作機のエンジンとしたのであった。

試作機は昭和十九年四月に完成し直ちに試験飛行が開始されたが、海軍側が強引に搭載を命じた「誉」エンジンは額面どおりの出力が出せず、計画値よりも五〇〇馬力も低い一五〇〇馬力程度となった。これでは最高速力は当時の第一線の零戦五二型と同程度の時速五五六キロを出すのが精いっぱいで、上昇時間に至っては六〇〇〇メートルまでの上昇時間は一〇分という、惨憺たる結果を示したのだ。

しかし海軍はこの結果に対して、かたくなに「誉」エンジン搭載の機体の、成果のない試験飛行を続けさせたのであった。この間に三菱社側は強馬力MK9Aエンジンの試作に拍車をかけ、完成と同時にこれを搭載した機体を飛ばせたのであった。

試験飛行の結果は三菱社の計画どおりの設計値と同じ数字を出し、最高時速は六二九キロ、上昇時間は六〇〇〇メートルの所要時間六分という格段の性能向上を見せたのであった。こ

247　⑪十七試艦上戦闘機　三菱J7M「烈風」

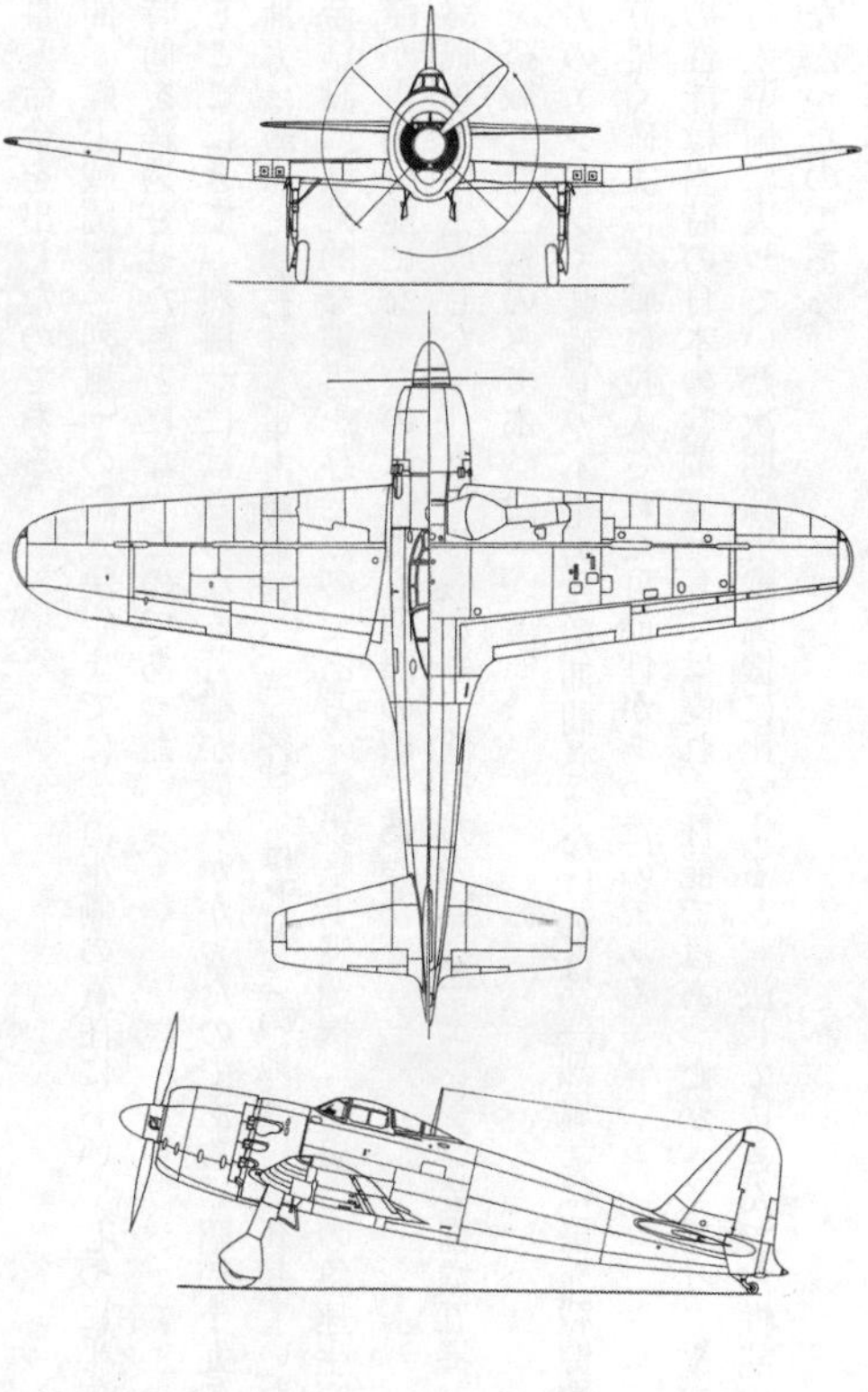

十七試艦上戦闘機　三菱J7M「烈風」

の結果に海軍はそれまでの姿勢を一転させ、三菱エンジンに変更した本機を次期艦上戦闘機として正式に決めたのである。そして昭和十九年十二月、海軍は本機を艦上戦闘機「烈風」として量産命令を出したのである。

この間、艦上戦闘機「烈風」の制式決定までに、海軍側の責任においてじつに半年以上の無駄な時間を経過させたことになったのであった。

しかしここにきて「烈風」にはさらなる苦難が襲いかかったのである。昭和十九年十二月に中部地方は激震に襲われ（東南海地震）、三菱社をはじめこの地域に点在していた主力航空機生産施設に壊滅的な被害を与えたのである。新鋭艦上戦闘機「烈風」の急速生産は頓挫し、生産が再開可能になったのは終戦も間際の頃であった。

結局終戦までに完成した「烈風」の機数は、低馬力の「誉」エンジン装備機五機と三菱エンジンを搭載した三機のみであった。

低出力のエンジンを装備した不毛の試験期間さえなければ、「烈風」は優秀戦闘機「紫電改」より早く確実に実戦に投入された可能性があったのである。

本機の性能は当時の日本の戦闘機としては優れた性能ではあったが、イギリスやアメリカが実戦投入準備に入っていた次期艦上戦闘機に比較すると、決して抜きんでた性能の機体とはいえなかったのである。

「烈風」の基本要目は次のとおりである。

全幅　一四・〇〇メートル
全長　一〇・九八メートル
自重　三二六六キロ
エンジン　三菱ハ四三・MK9A（空冷星型複列一八気筒）
最大出力　二二〇〇馬力
最高時速　六二九キロ
上昇限度　一万九〇〇メートル
航続距離　一五五六キロ（正規）
武装　二〇ミリ機銃四梃または二〇ミリ機銃二梃および一三・七ミリ機銃二梃

⑫十八試局地戦闘機　九州J7W「震電」

本機は日本海軍が試作した最後の戦闘機である。本機は先尾翼式という異形のスタイルの戦闘機として九州飛行機社で開発された。第二次世界大戦中にアメリカのカーチスXP55「アセンダー」、イタリアのアンブロッシーニSS4、そしてこの「震電」という三機の先尾翼式戦闘機が試作されたが、機体の設計上では本機が最も先進的な機体であると同時に、最も高性能が期待できた戦闘機であったといえるだろう。

海軍航空技術廠の鶴野大尉は従来型スタイルのレシプロ戦闘機の限界を予測し、より高性能を出せる革新的な戦闘機の開発をめざして研究を続けていた。その中にあったのが先尾翼式戦闘機の構想であった。この考え方は当時の戦闘機実戦部隊の指揮官も賛同するものだったのである。

この形式の機体の開発には、当時機体制作に多少の余裕のあった九州飛行機が選ばれ、開発作業は急速に進められたのである。

先尾翼式機体の在来型機体に対する優位性は、エンジンを機尾に置き機首に武装を集中させられること、胴体の容積を全面的に有効に活用できる、胴体の短縮で機体をより小型化され、機体の側面空気抵抗の減少が期待でき、在来型スタイルの機体より高速力が発揮される可能性が高いことなどである。

機体の基本設計は昭和十八年八月より開始された。本機の開発にあたりまず先尾翼式の滑空機の大型模型が造られ、風洞実験が繰り返されると同時に実際の飛行も行なわれて成功している。

海軍は昭和十九年五月に正式に先尾翼式の局地戦闘機J７Wとして本機の試作を命じたのである。製作図面は急速作業で進められ、昭和十九年十二月には試作機の製作が開始された。

本機のエンジンには最大出力二一三〇馬力の三菱八四三二（空冷星型複列一八気筒）が選定された。しかし製作工場であった三菱・名古屋工場は、昭和十九年十二月の地震と連続するB29重爆撃機の空襲で壊滅的な打撃を受け、エンジンの製作は大幅に遅れることになったのである。このために機体の試作作業も大幅に遅れ、その間にこんどは九州飛行機の生産工場も空襲により被害を受ける始末となった。このために工場の疎開作業が行なわれ、試作機の製作はさらに遅れることになったのであった。

試作一号機が完成したのは昭和二十年六月で、その後各種地上テストが続けられた後の八月二日に、やっと初飛行が行なわれることになった。

試験飛行は終戦までに三回実施された。しかし、いずれの飛行でもエンジンは全開されず、降着装置を出したままの水平飛行が主体であった。

このとき強馬力エンジンの強い回転トルクの影響を受け、機体は大きく右に傾く傾向が現われていた。強馬力エンジンの機体が受ける宿命的な影響である。本機の今後の最大の課題は強力なトルクの影響の解消であった。二重反転式プロペラの採用は最良の解決策ではあったが、当時の日本では経験が絶対的に不足であり、その開発には長期化が予想されたのである。

なお先尾翼式機体の最大の問題点は、緊急時の搭乗員の脱出方法である。つまり脱出直後に搭乗員が後方で回転するプロペラと衝突する危険性が極めて大きいということである。この解決策として本機は、脱出時にはプロペラ軸を火薬で爆破する方式を採用する予定であったが、試作機にはまだ未装備だった。

三回目の飛行に際しエンジンに不調が生じ、その修理に時間がかかっている最中に戦争は終結したのである。

先尾翼式機体について日本ではしばしば「エンテ翼」という言葉が使われるが、これはドイツ語の「ENTE」に由来するもので、エンテとは「鴨」を意味する言葉である。

本機の基本要目は次のとおりである。

全幅　一一・一一メートル
全長　九・七六メートル

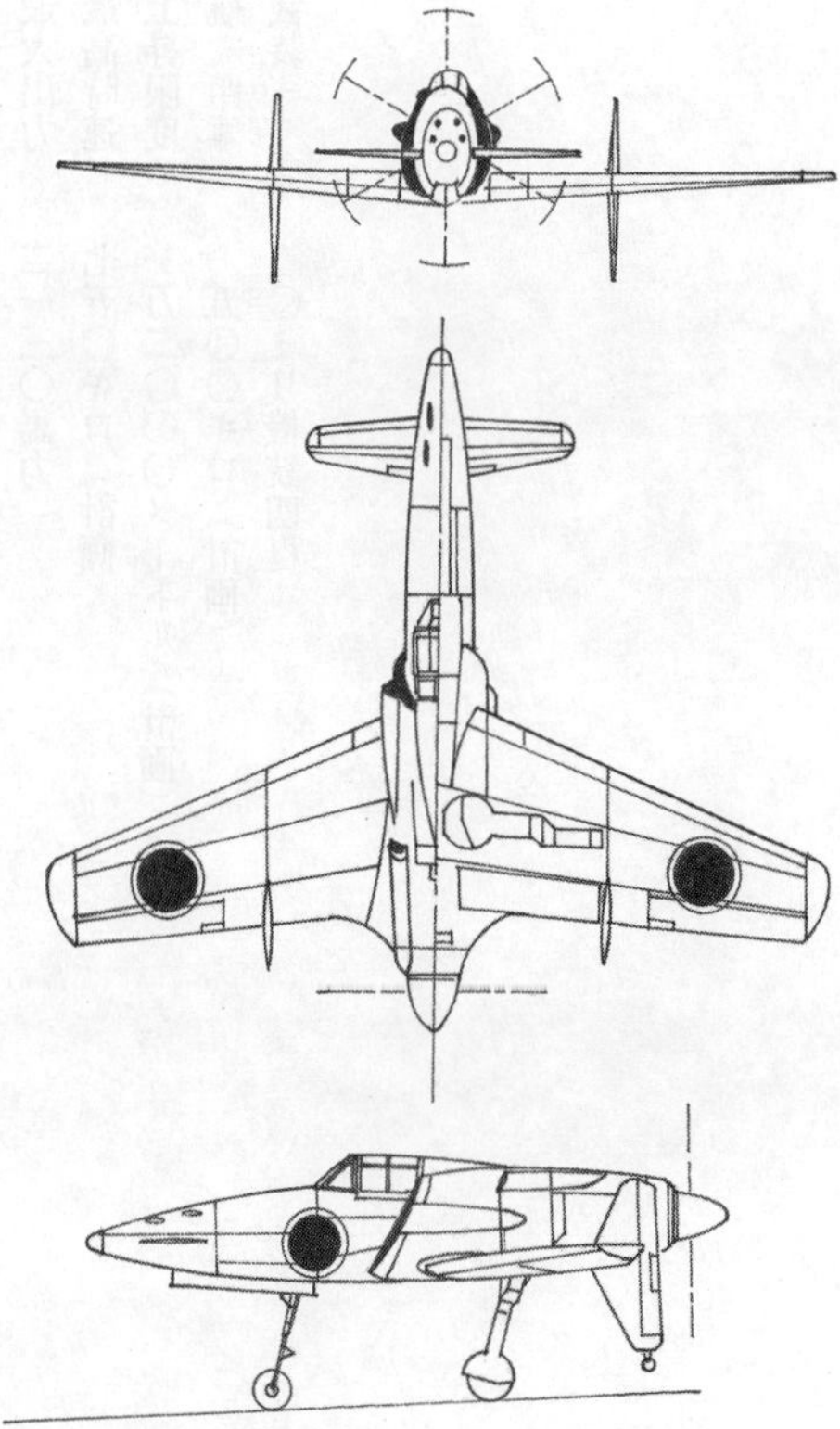

十八試局地戦闘機　九州J7W「震電」

自重　　　三四六五キロ
エンジン　三菱八四三（空冷星型複列一八気筒）
最大出力　二一三〇馬力
最高時速　七五〇キロ（計画）
上昇限度　一万二〇〇〇メートル（計画）
航続距離　一五〇〇キロ（計画）
武装　　　三〇ミリ機銃四梃

第五章　フランス・イタリア・ソビエト他

フランスは軍事大国でありながら、第二次世界大戦勃発後一年未満でドイツの軍門に下った。その原因の一つに「大規模戦争が起こるであろう予測」に対する楽観性と油断があったことにある。とくにフランス空軍の戦備の遅れは甚だしく、当時のドイツ空軍に対抗できる空軍力を持っていなかったこと、また準備されていた第一線戦闘機の性能がドイツ戦闘機に対し大幅に劣っていたことを否定することはできないであろう。しかし戦争勃発後の短期間で各種の戦闘機の開発が進んでいたことは事実で、中には極めて高性能が期待できる戦闘機の開発も行なわれていたのである。

イタリアは高性能戦闘機の開発が進んでいたが、その軍用機の最大の弱点は強馬力エンジンの開発が他国に比較し大幅に遅れていたことであった。また液冷エンジンはドイツのダイムラー・ベンツのライセンスを取得し国内生産を始めたが、生産力が弱体で大量生産ができる状況にはなく、これらの弱点がそのまま高性能戦闘機の開発の遅れに繋がったのである。

ソ連は第二次大戦を通じ、ラヴォーチキン、ミコヤン・グレビッチ、ヤコブレフなど各設計局の開発による、一貫した連続した戦闘機の発展型の開発で戦力を維持してきた。そこにはまったく新規な戦闘機の開発という姿は少なく、既存の機体のエンジンの強化や機体の小型化や材質の改良などで性能の向上を維持していた。

ただフランス、イタリア、ソ連、そしてその他の小国の戦闘機の開発には特筆する機体も見受けられ、ここではそれらの機体を紹介することにした。

①試作単座戦闘機　ドボアチンD551　フランス

一九三九年九月に第二次世界大戦が勃発したとき、フランス空軍が保有していた最優秀戦闘機はドボアチンD520戦闘機であった。開戦当時、約一五〇機のD520が部隊配備されており、一九四〇年四月のドイツ地上軍と空軍によるフランス国内への怒濤の進撃が始まったとき、押し寄せるドイツ戦闘機や爆撃機の迎撃に奮迅の迎撃戦を展開した。その結果フランス空軍の発表によれば、ドイツ機撃墜確実一一四機、不確実三九機を記録した、とされている。しかしこの戦闘も迎撃戦開始の二ヵ月後には停戦となり、フランスは事実上ドイツに敗れたのである。そして南フランスを中心にドイツの傀儡政権のビシー政府が統治することになったが、事実上フランスはドイツの直接の影響下に置かれることになったのである。

このような中で、ドボアチンD520戦闘機の生産は一時中断されたが、ビシー政府空軍の戦闘機として生産が再開され、約一八〇機が生産された。しかし本機を配備したビシー政府空軍と連合軍戦闘機などが遭遇戦を展開した記録は少ない。

フランス空軍はこのドボアチンD520戦闘機に大きな自信を持っていた。本機は一九三八年十月に初飛行し、その後の量産化へと順調な展開を見せていた。設計者のドボアチンは本機をより小型化した機体を造り、より強力なエンジンを搭載し新型戦闘機の開発を進めていたが、同時に速度記録試験機の試作も行なっていたのである。

この機体はドボアチンD550と呼ばれた。外観はD520に酷似しているが、主翼は同機より一回り小型となり、エンジンはD520のイスパノスイザ12Y45（最大出力九一〇馬力）にかえて、最大出力一三〇〇馬力のイスパノスイザ12Y51改を搭載し飛ばせたのである。その結果本機は最高時速七〇二キロという、この直前にドイツのメッサーシュミットMe209Rが出した記録には及ばなかったものの、陸上機としては当時世界第二位の速度記録を打ち出したのであった。

フランス空軍はこれに目を付け、D550を実用戦闘機に改良した機体の試作をドボアチンに命じたのだ。フランス空軍はこの機体をD551と呼称し、直ちに試作機の製作と同時に量産型試作機の試作も命じ、量産体制に入る準備を整えたのである。

そして試作機は一九四〇年四月に完成し、さらに初期生産型二機が完成して試験飛行を続行中に休戦となった。試験飛行の結果はD520に比較し、格段に優れた性能を示すものとはならなかったが、同時期のドイツ空軍の第一線戦闘機であるメッサーシュミットMe109Eと、互角の性能を持つ戦闘機と判定することができたのであった。その後ドイツ軍はこの新鋭戦闘機のさらなる開発は許さなかった。

259　①試作単座戦闘機　ドボアチンD551　　フランス

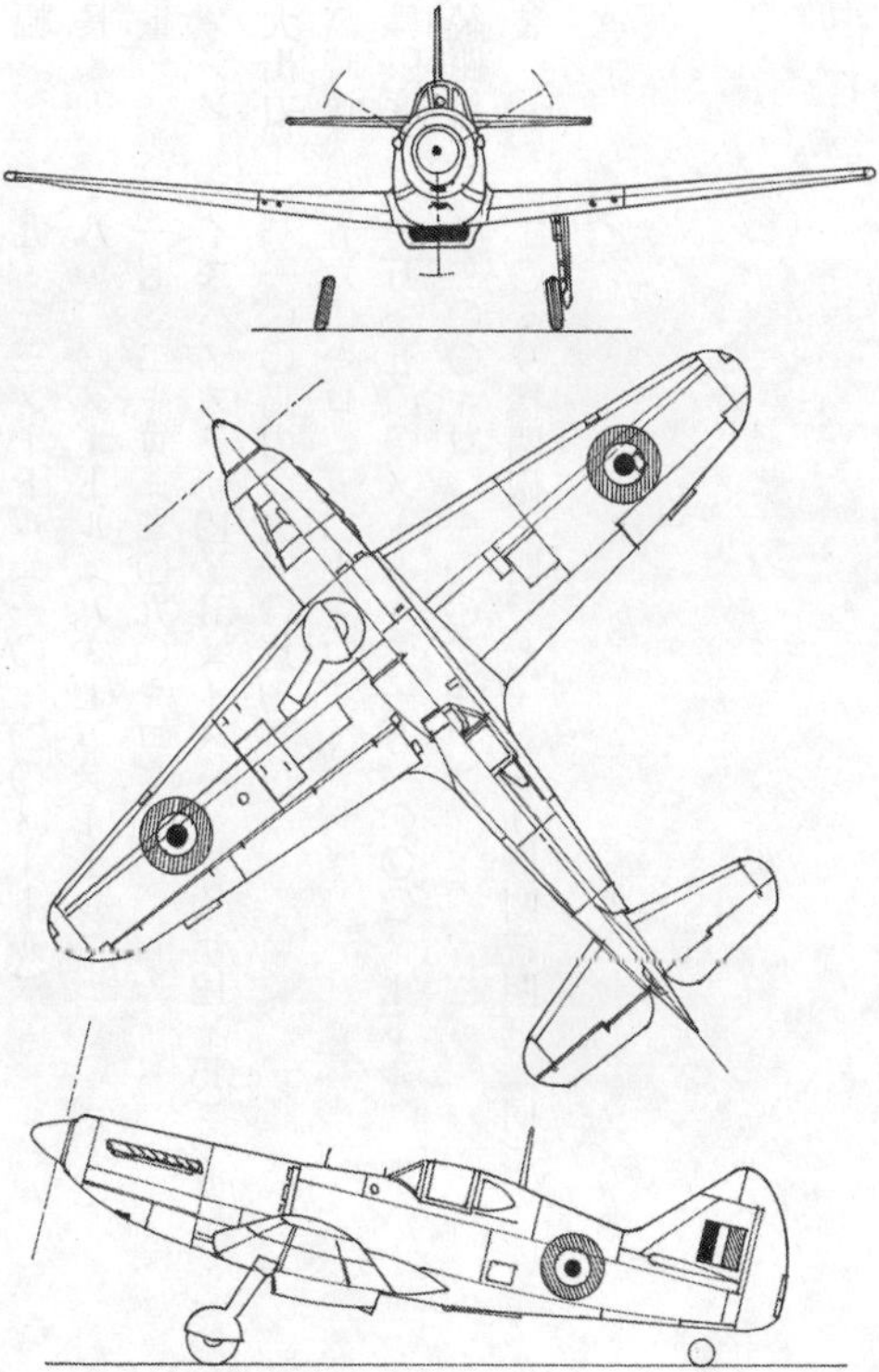

試作単座戦闘機　ドボアチンD551

本機の基本要目は次のとおり。なおカッコ内の数字はD520である。

全幅　九・三三メートル（一〇・二〇メートル）
全長　八・二〇メートル（八・七五メートル）
自重　一七二二キロ（二〇九〇キロ）
エンジン　イスパノスイザ12Y51（イスパノスイザ12Y45）（液冷V一二気筒）
最大出力　一一〇〇馬力（九一〇馬力）
最高時速　五六〇キロ（五二九キロ）
上昇限度　一万一五〇〇メートル（一万一〇〇〇メートル）
航続距離　一二〇〇キロ（一〇〇〇キロ）
武装　二〇ミリ機関砲一門、七・五ミリ機関銃四梃（同）

②試作単座戦闘機　SNCAO200　フランス

フランスは第二次世界大戦勃発から一〇ヵ月後の一九四〇年六月に休戦を迎え、ドイツとの戦いは終わった。フランスは第一次大戦の終結以降、ドイツとの新たな戦争の展開について極めて楽観的な姿勢を維持し、とくに軍備の再整備や航空機を含めた新しい兵器の開発には極めて緩慢であった。こうしたことが最も顕著に表われていたのが航空戦力の開発と整備で、イギリスやイタリアに比較し新型高性能軍用機の開発には大きな遅れを取っていた。

その状況は仮想敵国と考えるべきドイツに対し大幅な遅れがあり、第二次大戦の勃発時にフランス空軍が保有していた航空戦力は、すでに旧式化していた戦闘機や爆撃機がほとんどであった。ドイツとの新たな戦争が勃発する危険性が見え始めた一九三八年に急遽、フランス空軍は新鋭航空機の生産を開始し、これら機体による部隊編成を展開している状況であった。

それから一年半も経たない間に、フランスはドイツ軍の電撃戦で始まる国内への侵攻を受けることになった。フランス空軍はまだ十分に戦備態勢の整っていない中で善戦はしたが、敗れ去ったのである。

この混乱の期間にフランスは様々な戦闘機や爆撃機・攻撃機の試作を行なったが、その中には実用化一歩手前まで開発が進められた、実用的な機体も幾種類か存在した。ここで述べるSNCAO200戦闘機はそうした一機であった。

フランスの航空機メーカーの老舗の一つであるロワール・ニューポール社は、一九三七年一月にフランス航空機産業の国営化政策にともない、新たに設立された国営航空機製造部門の一つSNCAOに吸収された。

この直後にフランス空軍はSNCAOに対し、当時の第一線戦闘機である旧式化の始まったモラーヌ・ソルニエMS406の後継機の試作を命じた。この機体がSNCAO200単座戦闘機である。

その原型機は一九三九年一月に完成し、初飛行に成功した。機体の外観は胴体などは前作のモラーヌ・ソルニエMS406に酷似したものになっているが、主翼は再設計され、前端に強い後退角が付いた直線翼になっており、胴体も全金属製に進化していた。

エンジンには最大出力一一〇〇馬力の液冷イスパノスイザ12Y51が搭載される予定であったが、製作が間に合わず、代わりに最大出力八六〇馬力の液冷イスパノスイザ12Y31エンジンが搭載され、試験飛行が行なわれたのである。このときの最高速力はそれでも時速五五〇キロを記録していた。

263　②試作単座戦闘機　SNCAO200　　フランス

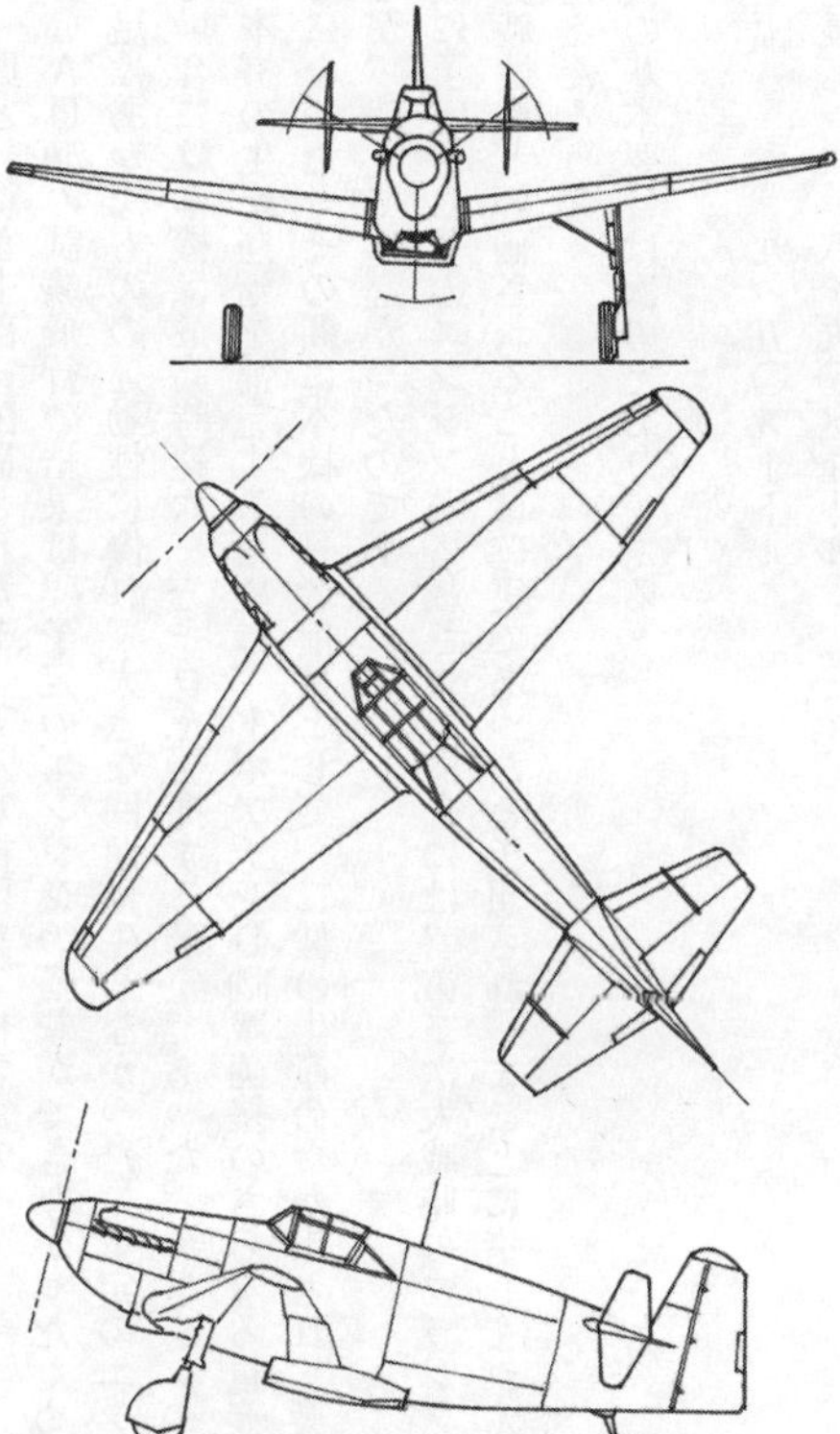

試作単座戦闘機　SNCAO200

本機の胴体の主構造は鋼管溶接で仕上げられ、胴体後半部分はジュラルミン・モノコック構造という、変わった構造となっていた。基本武装はエンジン主軸を通る二〇ミリモーターカノン一門と、機首上部に配置された七・五ミリ機関銃二梃である。

SNCAO200の試験飛行の結果は、予定のエンジンの搭載ができなかったために、多少の性能不足はあったものの運動性に優れ、大きな問題は生じなかった。予定のエンジンが搭載された場合には本機は最高時速六一一キロを発揮する予定であった。エンジンの完成を待つ間に、本機の生産遅延を補完するために、ドボアチンD520戦闘機のさらなる量産が命じられることになった。その間に本機の量産前型として一二機の生産命令が出され、製作の準備に入ったが、時すでに遅かったのである。

本機に予定どおりのエンジンが搭載された場合には、第二次大戦時のフランス空軍の最速最優秀戦闘機と評価されることは確実であったと予想され、まことに惜しまれる機体であったといえるだろう。

本機の基本要目は次のとおりである。

全幅　九・五〇メートル
全長　八・九〇メートル
自重　一九八〇キロ
エンジン　イスパノスイザ12Y51（液冷V一二気筒）

265　②試作単座戦闘機　SNCAO200　フランス

最大出力　一二〇〇馬力
最高時速　六二一キロ（計画）
上昇限度　一万一〇〇〇メートル（計画）
航続距離　一二〇〇キロ（計画）
武装　二〇ミリ機関砲一門、七・五ミリ機関銃二梃

③試作双発戦闘機　SNCASE100　フランス

フランスの爆撃機製造会社の一つ、リオレ・エ・オリビエ社は、フランスの航空機製造産業の国営化にともない、SNCASEに統合された。オリビエ社当時、同社は双発重戦闘機ポテ631に代わるべき新しい双発戦闘機の開発を進めていた。

同社がSNCASEに統合された後、オリビエ社は開発を進めていた出力一〇三〇馬力の空冷エンジン（ノーム・ローン14Nエンジン）を搭載した、新型の重戦闘機の開発を再開した。この機体はSNCASE100の呼称の下に開発が進められ、試作一号機は一九三九年三月に完成した。

本機は極めて独創的な形状の双発戦闘機であった。一九三〇年代から四〇年代に入る頃、フランスで開発された航空機の中には、多くの独創的な軍用機が試作されていたが、本機はその中でもひと際目立つ独特な姿の機体であった。

SNCASE100の縦長断面の胴体中央にはテーパー翼が取り付けられ、左右主翼には新た

267　③試作双発戦闘機　SNCASE100　　フランス

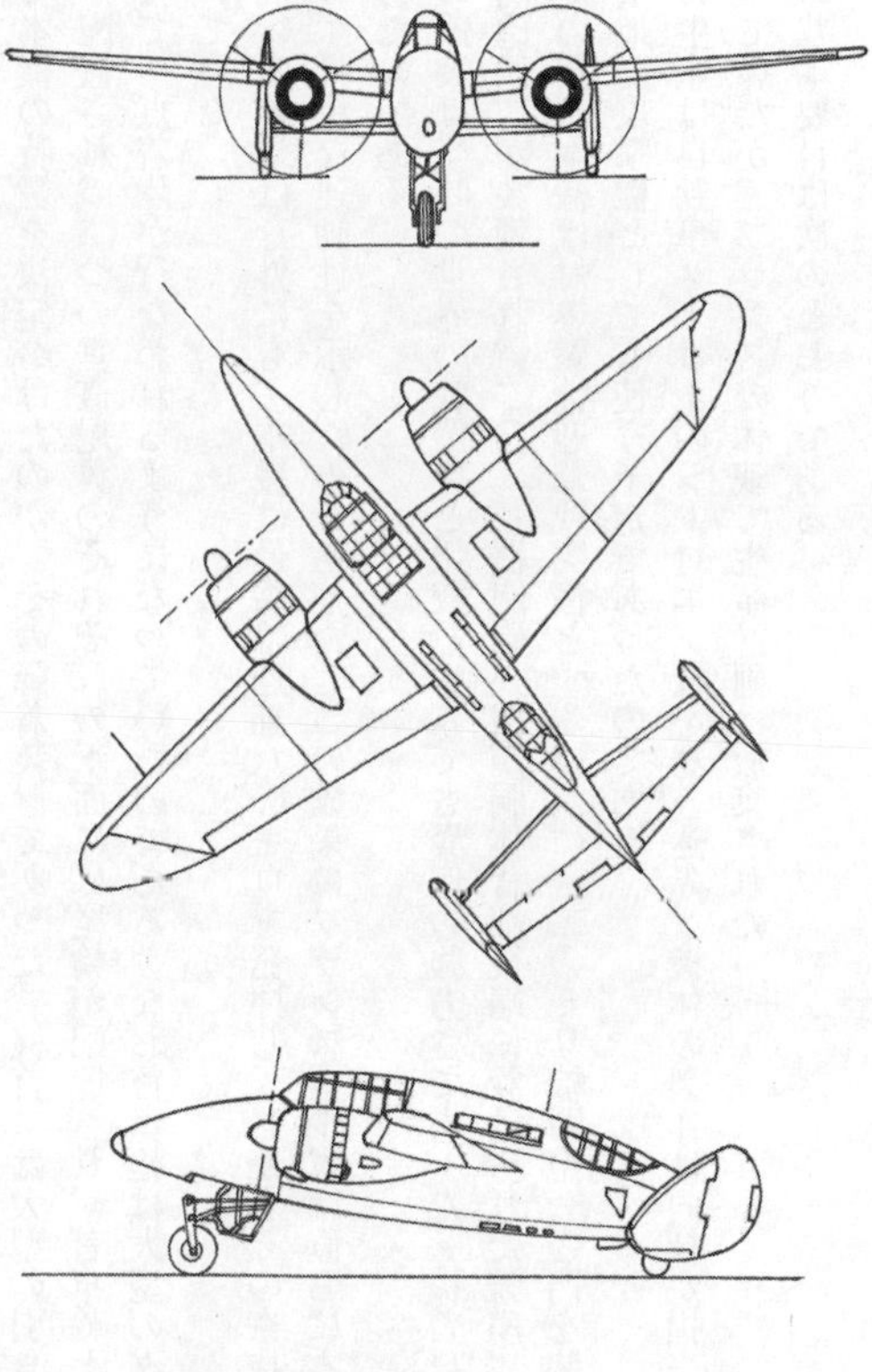

試作双発戦闘機　SNCASE100

に出力一〇八〇馬力のノーム・ローン14N20空冷エンジンが配置され、主翼と距離を置かずに大きな双垂直尾翼を持つ水平尾翼が配置されていた。

そして本機の特徴を決定づけたのが、その降着装置であった。機首には大型の引き込み式首車輪が配置され、二つの垂直尾翼のそれぞれの下面には尾輪が配置され、首車輪とこの二つの車輪で三点着陸が行なわれるようになっていたのである。なお首車輪は大型のダブル車輪になっていた。

試験飛行の結果は意外にも、本機は最高時速五八〇キロを発揮し、しかもその奇抜な形状に似合わず軽快な運動性を示したのであった。この成果にフランス空軍省は直ちに本機の量産を命じたのである。

本機の武装は当時の世界の戦闘機と比較してみても異例の強力さであった。機首には二〇ミリ機関砲四門が装備され、二〇ミリ機関砲一門が胴体背部後端に設けられた銃座に配置されていたのだ。本機は対爆撃機迎撃戦闘機とするほかに、二〇ミリ機関砲一〇門を装備する空前の重地上攻撃機としても使う予定であったのである。

本機の生産は自動車メーカーのシトロエン社を巻き込み、機体の製作は同社が担当する予定になっていたが、フランスの休戦で生産計画は放棄された。

本機の基本要目は次のとおりである。

全幅　一五・七〇メートル

269　③試作双発戦闘機　SNCASE100　　フランス

全長　一一・七五メートル
自重　五一二五キロ
エンジン　ノーム・ローン14N20（空冷星型複列一四気筒）二基
最大出力　一〇八〇馬力
最高時速　五八〇キロ
上昇限度　九八〇〇メートル
航続距離　不明
武装　二〇ミリ機関砲五門

④試作単座戦闘機　ルーセルR30　フランス

第二次世界大戦勃発当時のフランス空軍の第一線戦闘機にブロックMB150という戦闘機があった。この戦闘機の設計者であるモーリス・ルーセルは、自費で戦闘機の開発を始めたといわれている。

ブロックMB150系列戦闘機の中のMB152は、第二次大戦勃発直後にフランス空軍から八〇〇機の量産命令が下り、完成した機体は旧式戦闘機で編成されていた数個飛行隊に送り込まれ訓練に入った。そして一九四〇年四月、フランス国内への侵攻が始まったドイツ軍に対し果敢な戦いを挑んだが、本機はドイツ戦闘機の敵にはならずたちまち駆逐されてしまった。

ブロック社ではブロックMB152戦闘機の開発を進めてゆくかたわら、より生産性に優れ、しかも低馬力のエンジンでも高性能が発揮できる機体を独自に開発していた。この機体はルーセルR30と呼称された。設計者はモーリス・ルーセルと兄弟のジャック・ルーセルであった。

271　④試作単座戦闘機　ルーセル R30　　フランス

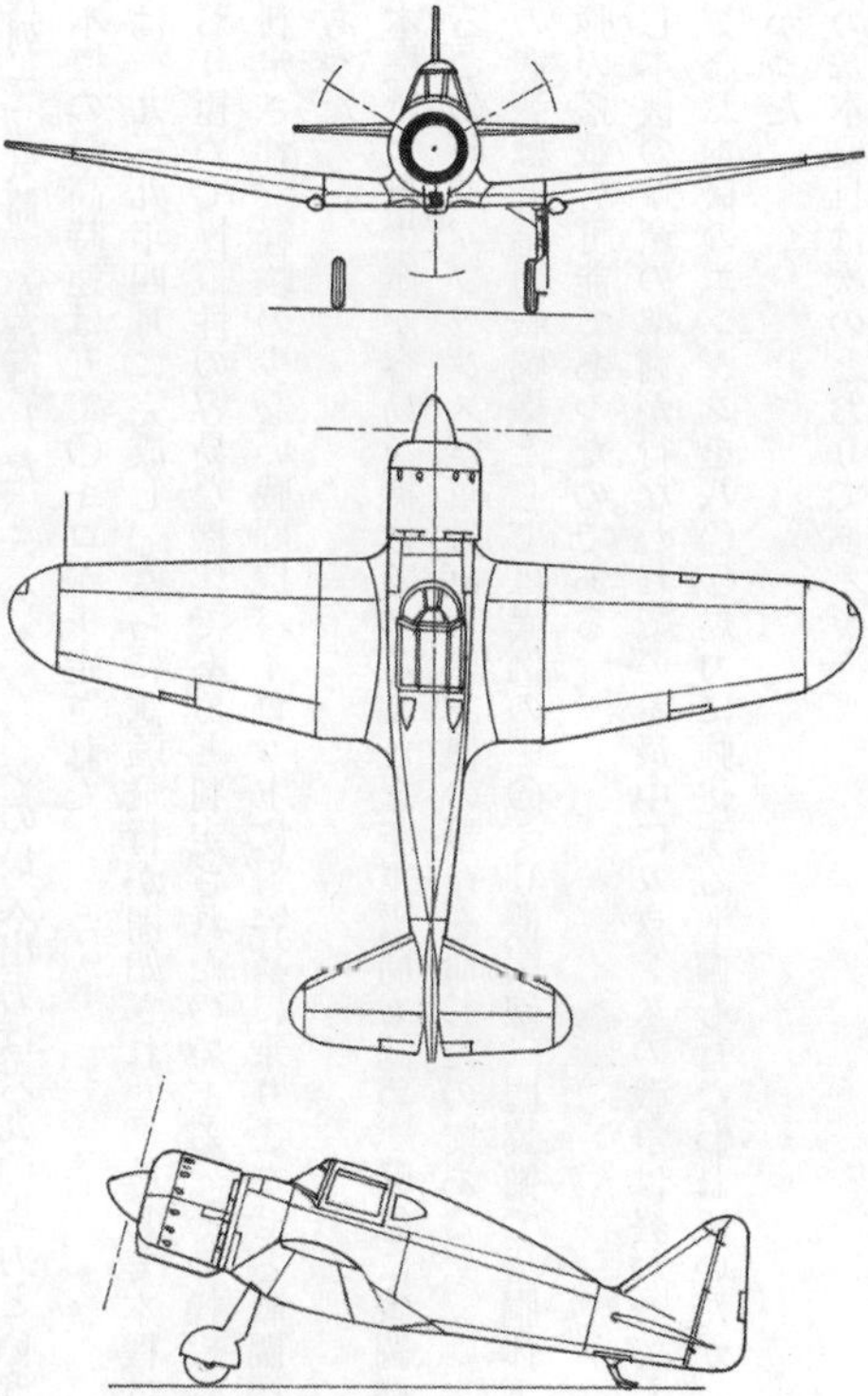

試作単座戦闘機　ルーセルR30

機体の構造はＭＢ152の鋼管溶接にジュラルミン張りとは異なり、ジュラルミン・モノコック構造で仕上げられ、エンジンには入手と量産が容易なノーム・ローン14Ｍ7空冷エンジン（星型複列一二気筒）が選ばれた。このエンジンの最大出力は六九〇馬力という低出力であるが、本機の最高時速は五二〇キロが予定された。

本機は一九三九年四月に完成し、直ちに試験飛行が開始された。そして本機はルーセルの構想どおり極めて操縦性の容易な機体であると判定されたのである。その操縦性は練習機と同等と判定され、経験の少ない戦闘機パイロットにも容易に乗りこなせる戦闘機と判断されたのであった。

また本機は大量生産が容易な機体であることを空軍当局も認め、緊急に戦闘機の増強を必要とするこの時期、フランス空軍は直ちに本機の量産を命じたのである。

本機の武装は低馬力戦闘機としては異例の二〇ミリ機関砲二門装備で、胴体下には二五〇キロ爆弾の搭載も可能であったのである。

しかし本機の量産の準備が行なわれている最中にフランスの戦争は終わってしまったのであった。なお本機のエンジンを八〇〇馬力に強化する準備も行なわれていたが、これも間に合わなかった。

本機の基本要目は次のとおりである。

全幅　七・七二メートル

273　④試作単座戦闘機　ルーセルR30　　フランス

全長　六・一〇メートル
自重　一〇三〇キロ
エンジン　ノーム・ローン14M7（空冷星型複列一二気筒）
最大出力　六九〇馬力
最高時速　五二〇キロ
上昇限度　不明
航続距離　八〇〇キロ
武装　二〇ミリ機関砲二門

⑤試作単座戦闘機　アルセナル・デュラン10　フランス

これまでにもいくつかの異形スタイルの戦闘機を紹介したが、この機体もその仲間に入る異形を極めた姿の機体である。フランス空軍もこの戦闘機への期待は大きかったと判断できるのである。事実フランスの休戦後に、ドイツ空軍は本機に興味を示し試験飛行を続けたほどであった。

本機の姿は「櫛型翼機」と表現できる機体である。主翼と水平尾翼の規模がほぼ同じで、胴体の前後に接近して配置されていることがこの機体の特徴である。この形状のメリットは、機体の重心点が多少移動しても安定性が保てるということにある。しかも失速速度が著しく低くなるとされることである。

試作機は一九三八年八月に完成し、直ちに試験飛行が行なわれたが、飛行中に墜落し機体は失われた。次いで機体各部を改良し強度を高めた二号機の試作に入り、完成と同時の一九三九年三月に飛行が行なわれたが、このときは成功している。この機体はアルセナル・デュ

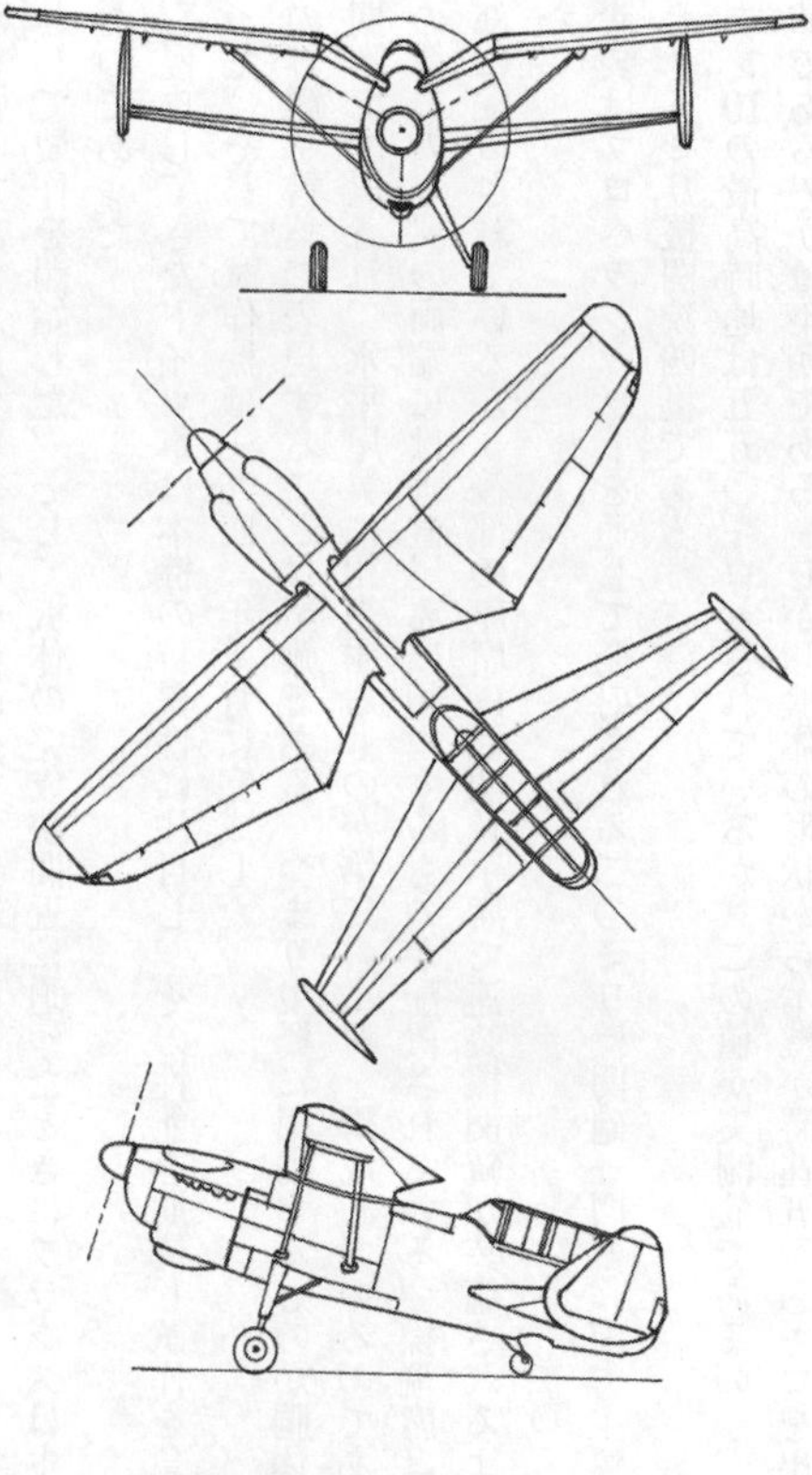

試作単座戦闘機　アルセナル·デュラン10

ラン20と命名された。

本機の成功を確認すると、設計者のマルセル・デュランは同型ではあるが構造の中で一部木製と羽布張りであった部分を全金属製に改良し、主脚を引き込み式に改良した機体をデュラン10として製作を開始した。そして機体の完成が間近に迫ったときにフランスはドイツと休戦したのであった。

しかし侵攻してきたドイツ軍は本機の特異性に注目し、その性能を期待し試作を急がせたのであった。そして試作機は一九四一年十月に完成した。

本機の外観を言葉で表現することは至難である。つまり主翼に相当するものが胴体の前後に短い間隔で配置され、水平尾翼に相当するものが第二の主翼を構成しているのである。そしてこの第二の主翼の両端には垂直尾翼に相当するものが配置されている。操縦席は複座で胴体後部に配置されているが、後部の座席は機関銃手席で連装機関銃が装備されるようになっていた。

主な武装はプロペラシャフトを通して発射される二〇ミリ機関砲一門と、前方主翼に装備された七・五ミリ機関銃四梃である。

デュラン10の最高時速は五五〇キロとされているが、この値が実測値であるのか、あるいは計算値であるのかは不明である。しかし機体の形状から本機が時速五〇〇キロを出すとは俄かには信じ難い。この機体がその後どのように扱われたのか、詳細な情報は不明であるが、第二次大戦初期に現われた謎の機体であることに間違いはない。

本機の基本要目は次のとおりである。

全幅　一〇・一一メートル
全長　七・三三メートル
自重　不明
エンジン　イスパノスイザ12Ycrs（液冷V一二気筒）
最大出力　八六〇馬力
最高時速　五五〇キロ
上昇限度　一万メートル
航続距離　九〇〇キロ
武装　二〇ミリ機関砲一門、七・五ミリ機関銃六梃

⑥双発戦闘機　サボイア・マルケッティSM91／92　イタリア

本機は一九四一年にイタリア航空省が出した長距離援護戦闘機の試作の求めに、サボイア・マルケッティ社が応募した機体である。本機には二種類の機体が存在する。いずれも双発・双胴戦闘機として試作され、一つがマルケッティ91で、アメリカのロッキードP38戦闘機のように中央胴体のある双胴式戦闘機である。そしてもう一つがマルケッティ92で、後にアメリカで開発された長距離援護戦闘機のノースアメリカンP82に酷似した機体で、中央胴体のない双胴式戦闘機である。

いずれの機体もエンジンはドイツのダイムラー・ベンツDB605A－1のライセンス生産である、アルファ・ロメオRA1050RC58液冷倒立V一二気筒である。このDB605A－1の最大出力は一四七五馬力で、ドイツ空軍のメッサーシュミットMe109Gなどに搭載された優れた性能のエンジンであった。しかしアルファ・ロメオ社の生産は滞り、その後も大量生産にはならず、イタリア空軍の最優秀戦闘機の量産を遅らせたエンジンであった。

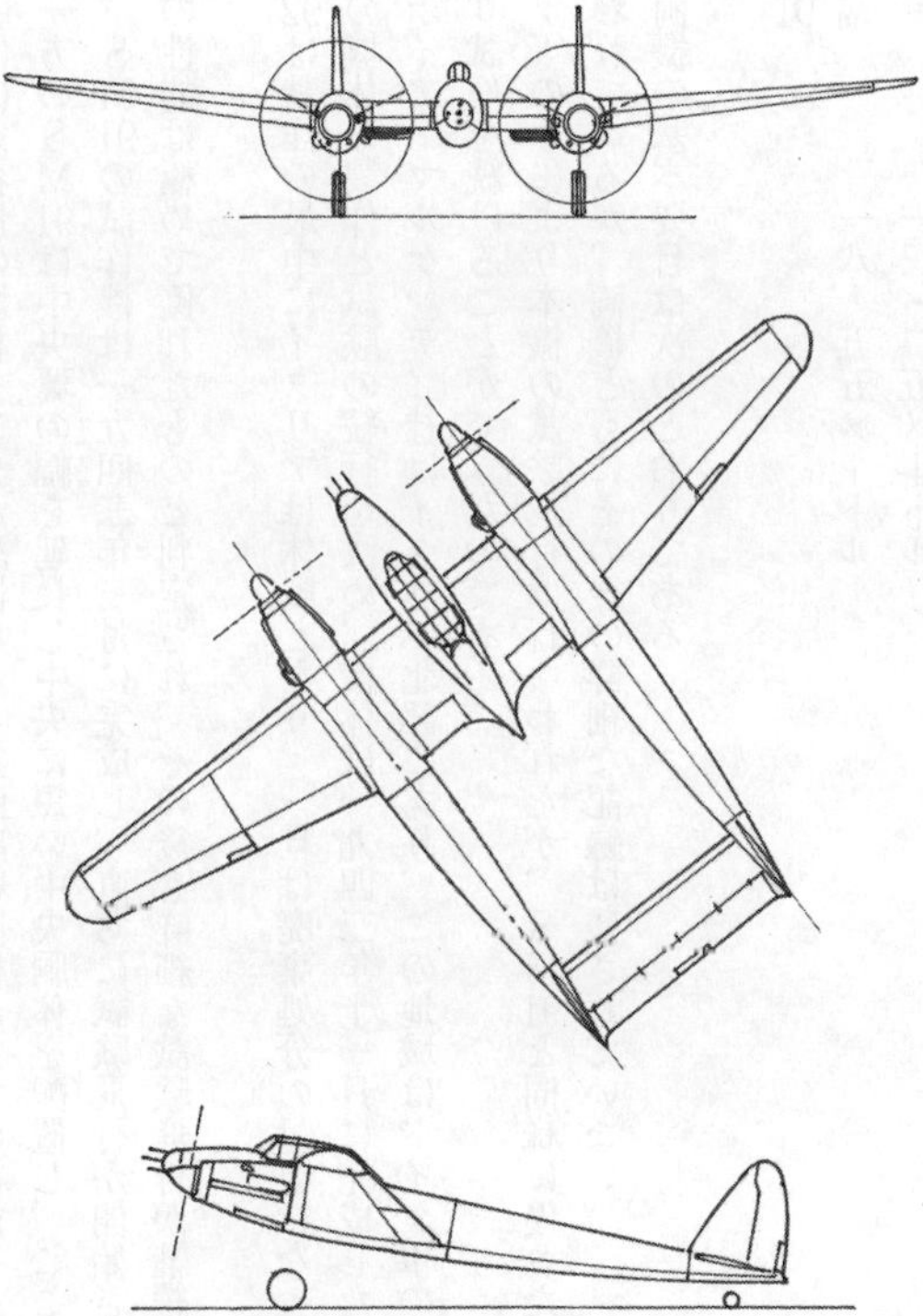

双発戦闘機　サボイア･マルケッティSM91

中央胴体のないSM92戦闘機は、操縦席は左側の胴体にのみ配置され、右側胴体は成形された空所には大容量の燃料タンクが配置され、長距離戦闘機としての機能を果たすことになった。一方のSM91は中央翼の幅を延長し中央に短い中央胴体を配置し、ここに操縦席を配置した。SM91の試作機は一九四三年三月に完成し、直ちに試験飛行が開始された。その結果本機の性能は極めて優れたものと判定され、その後も詳細な試験飛行が継続されることになった。

SM92は試作の最中にイタリアは休戦となり、一旦は廃棄処分の対象になったが、ドイツ軍はこの機体の製作と試験の続行を決め、機体は一九四三年十一月に完成した。本機を製作したサボイア・マルケッティ社はイタリア北部にあり、この地域はドイツ軍の勢力範囲となっており試作を続けることができたのである。

ドイツ軍の手により本機の試験飛行は行なわれたが、SM91と同様に優れた性能をしめしたといわれているが、両機ともにその後の詳細な記録は残されていない。

この両機の基本要目は次のとおりである。

SM91

全幅　一八・五五メートル

全長　一三・二五メートル

自重　六二五〇キロ

エンジン　アルファ・ロメオRA1050RC58（液冷倒立V一二気筒）二基
最大出力　一四七五馬力
最高時速　六一五キロ
上昇限度　一万二〇〇〇メートル
航続距離　一五九〇キロ
武装　二〇ミリ機関砲五門

SM92
全幅　一九・二五メートル
全長　一三・七〇メートル
自重　六五〇〇キロ
エンジン　アルファ・ロメオRA1050RC60／2V（液冷倒立V一二気筒）二基
最大出力　一四七五馬力
最高時速　五八〇キロ
上昇限度　一万一〇〇〇メートル
航続距離　二〇〇〇キロ
武装　二〇ミリ機関砲五門

⑦試作単座戦闘機　ピアッジオP119　イタリア

本機は極めて意欲的な設計の戦闘機で、予想される高性能に対するイタリア空軍の期待は高かった。本機の最大の特徴は空冷エンジンを胴体内に内蔵し、延長軸で機首のプロペラを回転する構造にあった。このために機首は一見、液冷式エンジンを装備したような姿になっていた。

操縦席は機首近くに配置され、その直後の胴体内には最大出力一六五〇馬力の、ピアッジオP15RC60／2V空冷エンジンが装備されていた。そしてエンジン冷却用の大型の空気取り入れ口が機首近くの胴体下面に開いていた。

プロペラの延長軸は操縦席の床下を通っており、機首には三枚ブレードのプロペラが装着された。そして武装はプロペラシャフト貫通式の二〇ミリ機関砲一門と、左右主翼内に各二挺の一二・七ミリ機関銃が装備された。

試作機は一九四二年十一月に完成し翌十二月に試験飛行が行なわれたが、最高時速六四〇

283　⑦試作単座戦闘機　ピアッジオP119　　イタリア

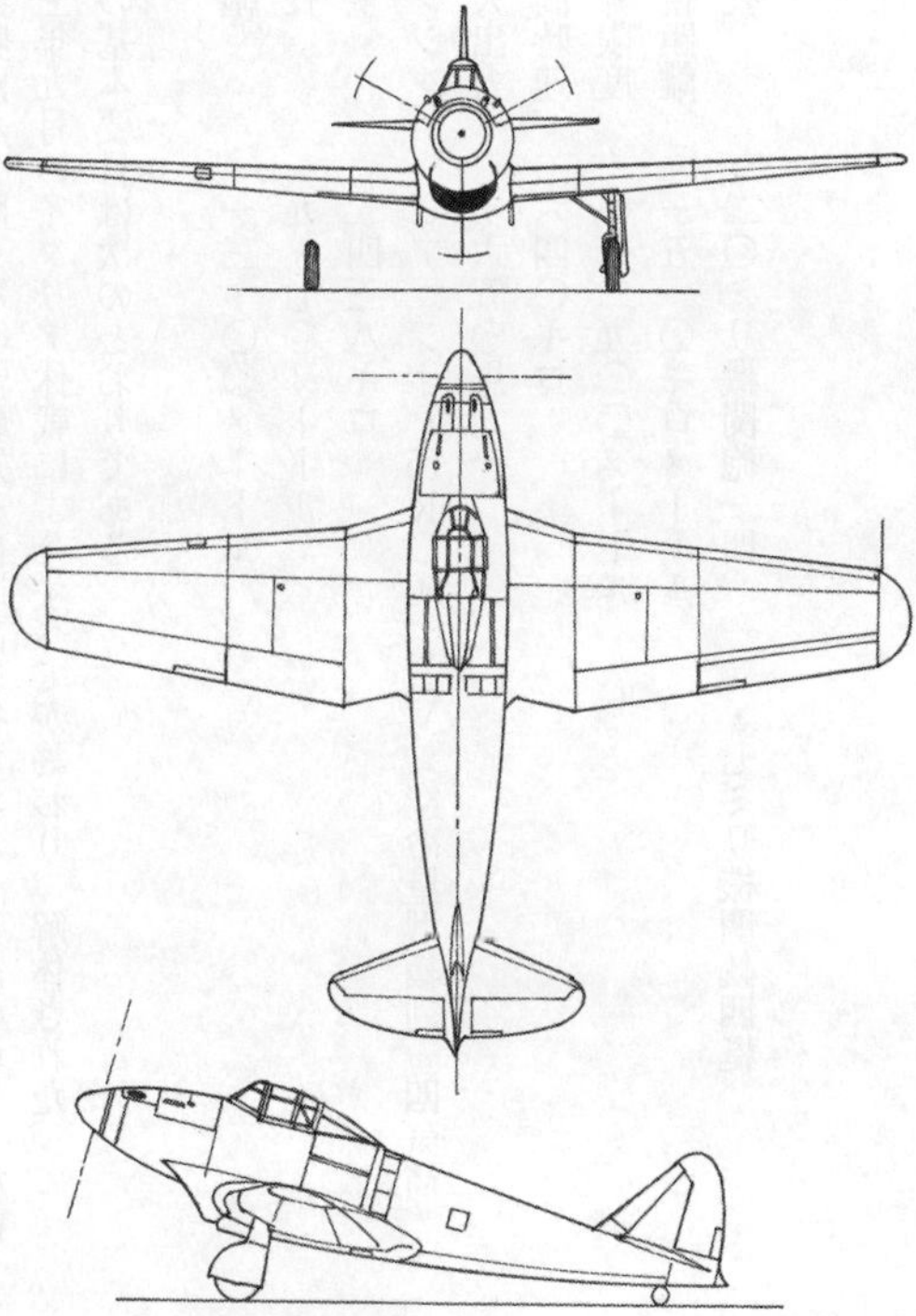

試作単座戦闘機　ピアッジオP119

キロという、当時のイタリア空軍戦闘機としては最高の速力を記録した。

本機は特別な欠陥もなく試験飛行は順調に行なわれ、量産の準備も検討され始めたが、翌一九四三年九月のイタリア休戦によりすべてが終わり、解体された。

本機の基本要目は次のとおりである。

全幅	一三・〇〇メートル
全長	九・七〇メートル
自重	二四三八キロ
エンジン	ピアッジオP15RC60／2V（空冷星型複列一四気筒）
最大出力	一六五〇馬力
最高時速	六四〇キロ
上昇限度	一万二九〇〇メートル
航続距離	一五一〇キロメートル
武装	二〇ミリ機関砲一門、一二・七ミリ機関銃四梃

⑧単座戦闘機　ラヴォーチキンLa11　ソビエト

本機はラヴォーチキン設計局が開発したLAGG－1に始まる単座戦闘機系列の最後に位置するもので、ソ連空軍最良のレシプロ戦闘機と評された機体である。しかし第二次世界大戦には間に合わず、戦争終結後、ソ連空軍にジェットエンジン推進の戦闘機が導入されるまでの間、第一線戦闘機としての地位を確保した戦闘機であり、戦後には中国空軍を含め、ソ連衛星諸国の戦闘機として相当数が供与されたとされている。

本機の一つ前の型式にLa9という戦闘機があるが、この機体は独ソ戦の最後の場面で実戦に投入されたが、La11はLa9をさらに改良した機体であった。

ラヴォーチキン単座戦闘機はLa7までは木造構造に外板は合板張りを主体とする機体であったが、La9では全金属製の構造となり、外観もLa7までとは違いを見せていた。La7までの機体は主翼が曲線主体で構成されていたが、La9では主翼は直線テーパー仕上げと大きく変化した。またそれまでの二〇ミリ機関砲二門という武装は二〇ミリ四門と格段に強化された（これら四門の機関砲はすべて機首のカウリング上面左右に配置されていた）。

Ｌａ９の開発の主目的は航続距離の伸長で、長距離護衛戦闘機として運用することが目的であった。それまでのすべてのソ連空軍の戦闘機の航続距離は極端に短く、五〇〇～七〇〇キロが一般的であった。これは広大な平原の各所を神出鬼没の基地として活用し、戦闘機を遠くまで飛ばす、つまり爆撃機を援護し長距離飛行を行なうという概念が本来ソ連空軍にはなかったため、とも考えられるからである。

このＬａ９戦闘機において初めて正規航続距離一七五〇キロという、長距離飛行が可能な戦闘機を出現させたのであった。しかしさらなる長距離飛行が可能な戦闘機として開発されたのがＬａ11戦闘機であったのだ。本機において正規の航続距離を二〇〇〇キロ台にのせる計画だったのである。

本機の量産が始まったのは第二次大戦終結直後からで、一九五一年まで生産されたとされているが、どれほど量産されたのか詳細は不明である。一説には一二〇〇機前後とされ、また一説には五〇〇〇機前後であったともいわれている。

本機は軽量小型で一八〇〇馬力の空冷エンジンを搭載し、高速で極めて軽快な操縦性を持つ戦闘機と評されているが、レシプロ戦闘機としては例外的といえるほど、その詳細は不明な点が多かった。

しかし一九五〇年に、ソ連の北極圏沿岸のムルマンスク基地を出撃した一機のＬａ11戦闘機が、進路を誤りスウェーデン国内に不時着するという珍事が起きた。このとき不時着機は

287　⑧単座戦闘機　ラヴォーチキンLa11　ソビエト

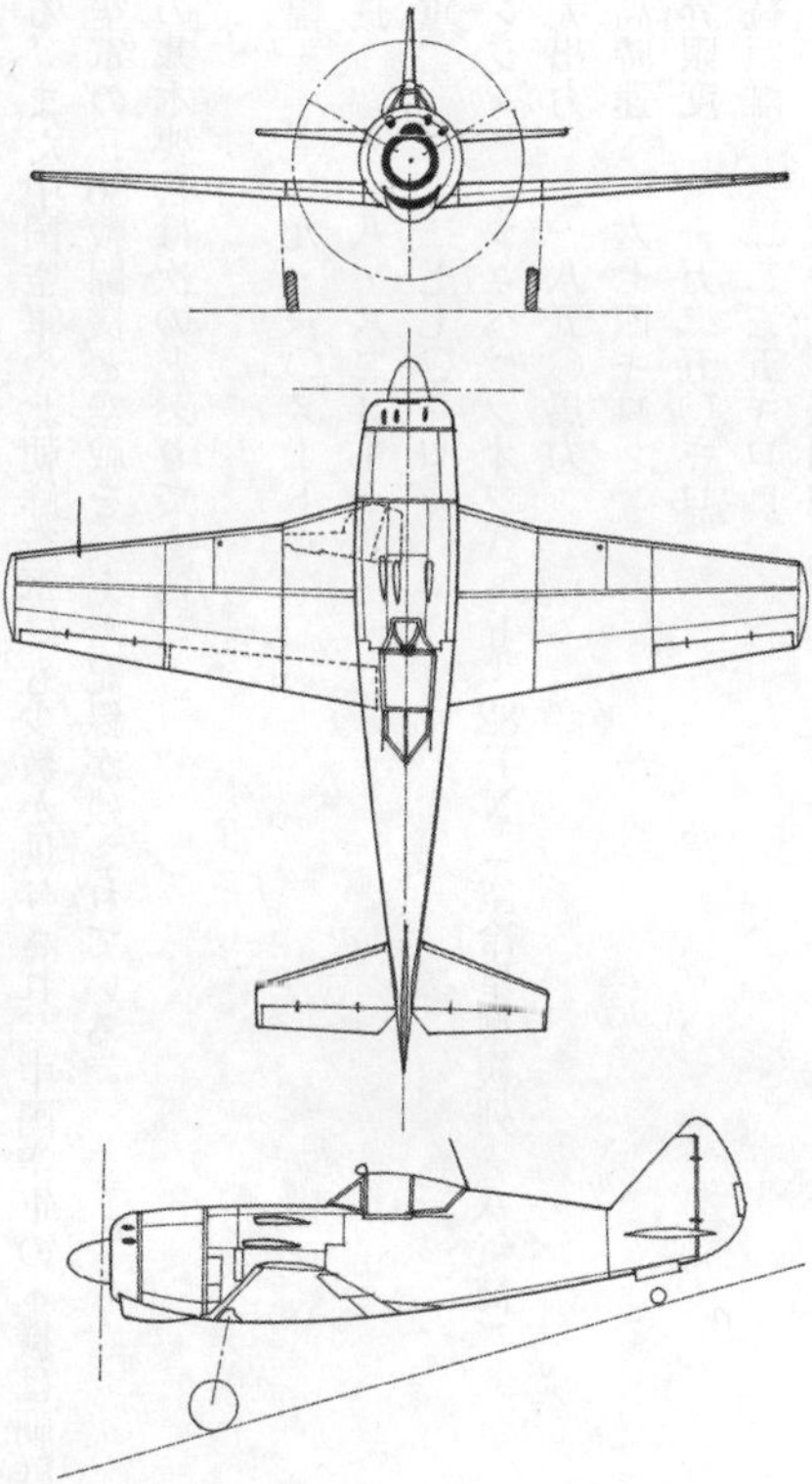

単座戦闘機　ラヴォーチキンLa11

左主翼を大破し飛行不能となったが、この事件により謎の多かったこの機体の詳細が判明したいきさつがある。

本機は戦後の一時期にソ連空軍のサハリン（旧樺太）や択捉島の基地に配置された、とされている。また中国空軍や北朝鮮空軍にも少数が供与され、中国空軍の本機は朝鮮戦争でアメリカ空軍のF86戦闘機と空戦を交えた記録が残されている。

本機の基本要目は次のとおりである。

全幅	九・八〇メートル
全長	八・六二メートル
自重	二七七〇キロ
エンジン	シュベッツオフAsh-82FN（空冷星型複列一八気筒）
最大出力	一八五〇馬力
最高時速	六七四キロ
上昇限度	一万二五〇キロ
航続距離	二三三五キロ
武装	二〇ミリ機関砲三門

⑨試作混合動力単座戦闘機
ミグMiG13／スホーイSu5　ソビエト

この二機種の戦闘機はソ連空軍が第二次世界大戦末期に開発を進めていた戦闘機である。しかし動力に特徴があり、レシプロエンジンとジェットエンジンの混合動力機ではあるが、純然たるジェットエンジンでないことにこの機体の大きな特徴があるのだ。

ソ連は大戦末期の時点では、まだ独自開発の純ジェットエンジン（ターボジェット等）の開発は進んでおらず、この機体に搭載されているジェットエンジンは、いわゆるモータージェットエンジンと称するものであった。ターボジェットエンジンの一段階前のジェットエンジンなのである。

一般的なジェットエンジンであるターボジェットエンジンの作動原理は、あらかじめ高速回転する圧縮器で圧縮された空気を燃焼室に送り込み、燃料を着火させ圧縮空気を爆発膨張させ、その排出される強力な排気の反動で機体を進めるものである。そしてこのとき排出される高温高圧の排気ガスで今一つのタービンを回転させ、その回転力でエンジン前部の空気圧縮器を回転させ、高圧の圧縮空気を造り出すのである。

　モータージェットエンジンは、燃焼室へ送り込む空気の圧縮をあらかじめ「モーター」の回転で行ない、この圧縮空気を燃焼室に送り込み、これを爆発燃焼させ、その排出ガスの勢いで機体を飛ばす方式のエンジンであるが、機械的な圧縮方式であるために空気の圧縮度は劣るものになるのだ。モータージェットエンジンはターボジェットエンジンの発展過程にあるエンジンで、推進力が大幅に劣るものである。

　一九三九年にイタリアで世界最初のジェットエンジン駆動の航空機（カプロニ・カンピーニ）が飛行に成功したが、この機体のエンジンはモータージェットエンジンであった。

　ソ連は一九四二年にミコヤン・グレビッチ設計局が中心となり、モータージェットエンジンの開発を進めていた。そして同時にレシプロエンジンと同時搭載の混合動力機の試作も推進していた。

　ミグＭｉＧ13戦闘機はミコヤン・グレビッチ設計局が開発し完成させた、混合動力戦闘機である。本機は機首に最大出力一六五〇馬力の液冷Ｖ12気筒クリモフＶＫ-107Ｒエンジンを搭載し、操縦席の背後に最大推力六〇〇キロのハルチョフニコスＶＲＤＫモータージェットエンジンを装備していた。そして機尾には同エンジンの排気ガスの排気口が設けられていた。

　本機は一九四五年二月に完成し、初飛行は翌三月に行なわれた。この試験飛行において本機はまずレシプロエンジンだけでの飛行を行ない、最高時速六七七キロを記録した。そしてモータージェットエンジンを同時に駆動させることにより、時速八二五キロに達したと記録されている。

ただこの時点では搭載したモータージェットエンジンにはまだ多くの問題が残されており、その最大の問題はエンジンの駆動時間が極端に短いことであったとされている。しかしソ連空軍当局は本機を高く評価し、すぐに五〇機の前期量産型の機体の生産を命じたのである。

しかしこの直後にソ連はドイツから大量の純ジェットエンジンに関する資料を入手し、さらに実物も手に入れたのだ。そしてソ連は直ちにこのドイツ製ターボジェットエンジンのコピーの製作を開始し、独自にジェットエンジン推進の戦闘機の開発も進めたのである。このためにこの過渡的なジェットエンジンを搭載した混合動力戦闘機ミグMiG13戦闘機の存在価値は薄らぐことになった。

しかしミグMiG13戦闘機の性能は優れており、ソ連航空局は量産された一六機の本機をソ連海軍に引き渡した。ソ連海軍航空隊は、本機一六機で防空戦闘機隊を編成し、クロンシュタットのバルチック艦隊基地の防空戦闘機として一九五〇年初頭ころまで運用していたとされている。

ソ連空軍はミグMiG13戦闘機以外にも、もう一種類の混合動力戦闘機の開発をスホーイ設計局に命じている。この機体はスホーイSu5戦闘機と呼ばれ、エンジンの構成はミグMiG13戦闘機とまったく同じで、機首には同じクリモフ液冷エンジンを搭載し、操縦席の背後にハルチョフニコス・モータージェットエンジンを搭載した。

本機の初飛行は一九四五年四月に行なわれ、両エンジンを駆動させたときの最高時速は七

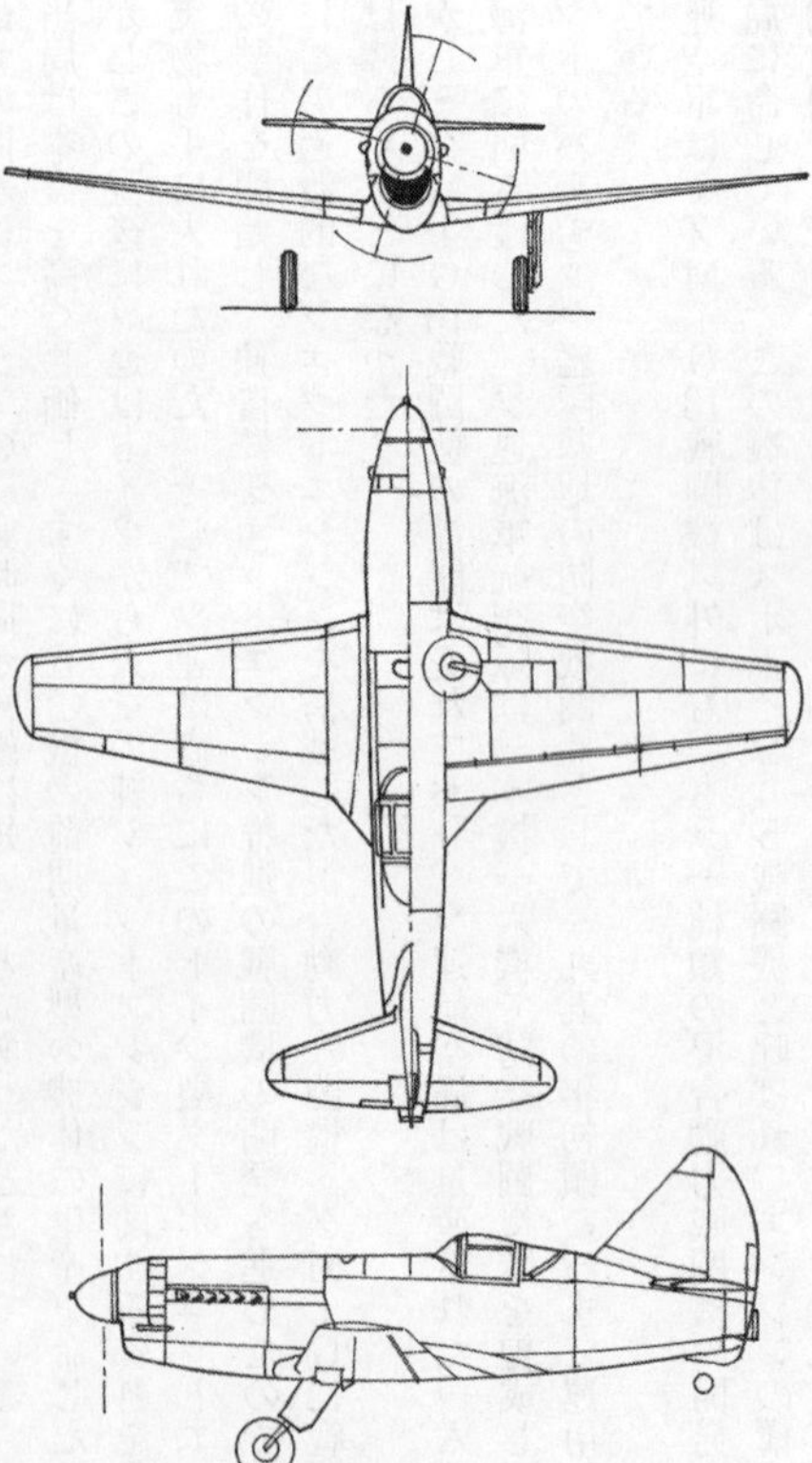

試作混合動力単座戦闘機　ミグMiG13

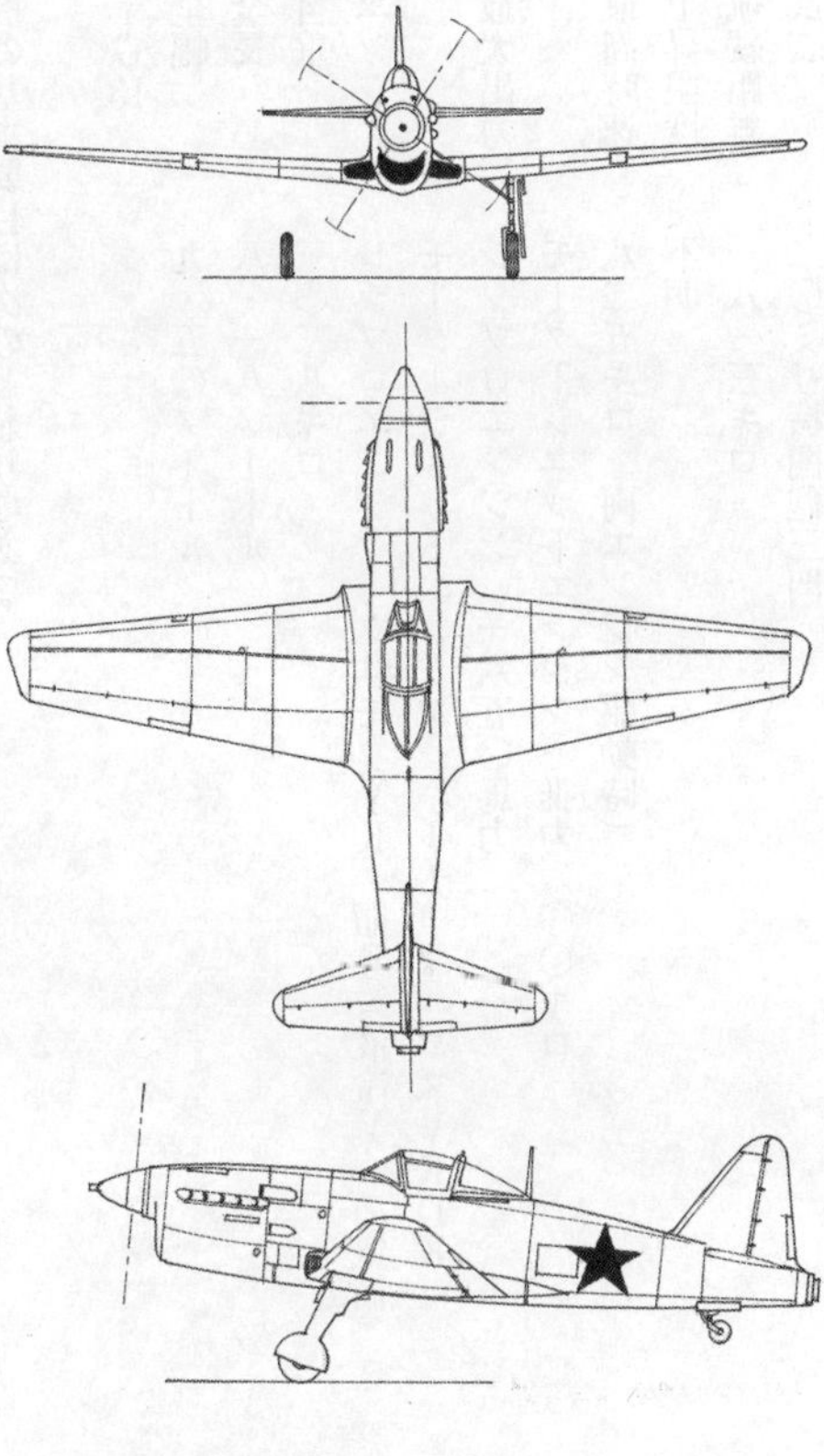

試作混合動力単座戦闘機　スホーイSu5

九三キロとされているが、これはモータージェットエンジンが不調であったための性能低下だったとされている。本機は試作だけで終わっている。

両機の基本要目は次のとおりである。

MiG13

全幅	九・五〇メートル
全長	八・一八メートル
自重	三〇二八キロ
エンジン	レシプロエンジン：クリモフVK-107R（液冷V一二気筒） モータージェットエンジン：ハルチョフニコスVRDK
最大出力	レシプロエンジン：一六五〇馬力 モータージェットエンジン：推力六〇〇キロ
最高時速	八二五キロ（両エンジン駆動時）
上昇限度	不明
航続距離	一八一三キロ
武装	二〇ミリ機関砲三門

Su5

全幅　一〇・五六メートル
全長　八・五一メートル
自重　二九五四キロ
エンジン　MiG13に同じ
最高時速　七九三キロ（両エンジン駆動時：計画時速八一〇キロ）
上昇限度　一万二〇〇〇メートル
航続距離　六〇〇キロ
武装　二〇ミリ機関砲三門

⑩単座戦闘機　サーブJ21　スウェーデン

第二次世界大戦中に世界では幾種類かの推進式戦闘機が試作されたが、その中で唯一実用化された機体がスウェーデン空軍が開発したサーブJ21戦闘機である。

推進式戦闘機の利点は、前方視界に妨げるものがなく視界が良好であること、また機首に機関砲や機銃を集中配備でき、強力な火力で敵機を攻撃できることにある。ただ唯一の欠点は緊急時に搭乗員が脱出するときに、プロペラの回転に巻き込まれる可能性が極めて大きいことである。この問題を解決するために講じられる方法は二つあり、一つは脱出に先立ちプロペラあるいはプロペラ回転軸を爆破すること。もう一つは操縦士を座席ごと火薬か圧搾空気の力で機外に一気に放出する方法である。本機では火薬を作動させる後者の方法を採用していた。

本機は一九四一年にスウェーデン空軍が出した仕様にもとづき、サーブ社が開発した機体で、一九四三年七月に試作機は完成し初飛行に成功している。

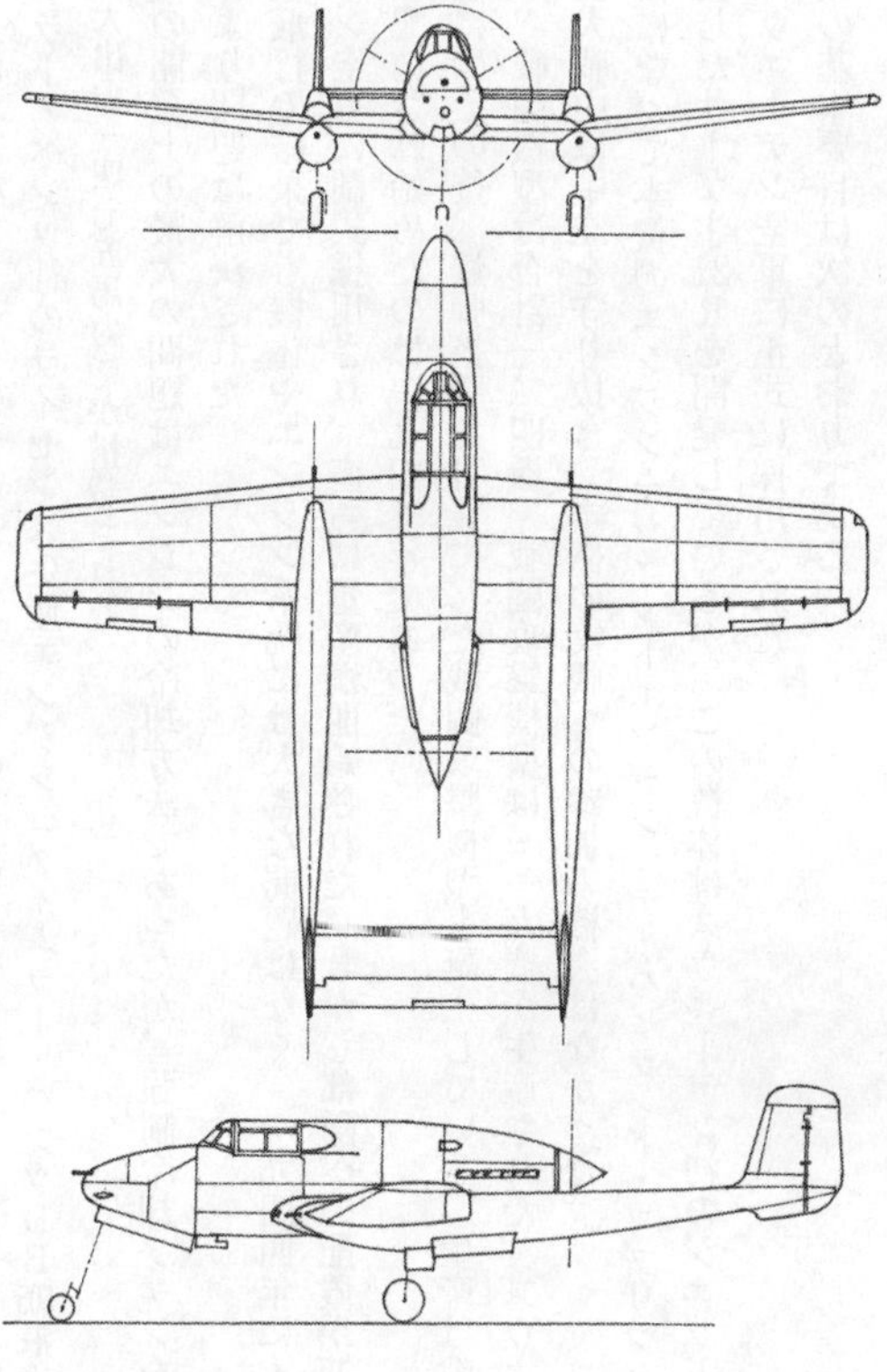

単座戦闘機　サーブJ21

機体は双胴式であるが二本の細い胴体の中央に短い中央胴体があり、その尾端にエンジンが搭載され、三枚ブレードの推進式プロペラの回転で飛行するようになっている。ドイツのダイムラー・ベンツ社のライセンス生産エンジン（ダイムラー・ベンツＤＢ605液冷Ｖ一二気筒：最大出力一四七五馬力）が搭載された。

本機の開発上の最大の問題はエンジンの冷却方法であったが、強制冷却ファンを装備することにより問題は解決された。

試験飛行の結果でも機体やエンジン系統には大きな問題はなく、一九四四年に本機はスウェーデン空軍に制式採用され、直ちに量産が開始された。しかし部隊への配置が遅れ、実戦部隊に配備され始めたのは一九四五年であった。

本機にはその後、爆弾搭載を可能にした戦闘攻撃機型も誕生している。生産は戦後まで続いたが、戦闘機型は合計一二四機、戦闘攻撃機型は一一九機が生産された。スウェーデンは第二次大戦中は中立を守り抜き、本機の実戦への参加の機会はなかった。

戦後になって本機のエンジンをジェットエンジン（デ・ハビランド・ゴブリンＲＭ－１）に換装したサーブＪ21Ｒを開発しているが、この機体はスウェーデン初のジェット軍用機としてスウェーデン空軍に正式に採用された。

本機の基本要目は次のとおりである。

全幅　一一・六〇メートル

全長　一〇・四五メートル
自重　三二五〇キロ
エンジン　ダイムラー・ベンツDB605B（液冷倒立V一二気筒）
最大出力　一四七五馬力
最高時速　六四〇キロ
上昇限度　一万一八〇〇メートル
航続距離　一一九〇キロ
武装　二〇ミリ機関砲一門、一三・二ミリ機関銃四梃

⑪単座戦闘機　FFVS J22　スウェーデン

スウェーデンは第二次世界大戦を中立国の立場で貫いた。しかし東西隣国であるフィンランドとノルウェーがソ連とドイツとの戦争に巻き込まれる状況となり、自国防衛のために空軍力の強化は必然のこととなった。

一九三九年当時のスウェーデン空軍の主力戦闘機は、時代遅れのイギリス製のグロスター「グラジエーター」複葉戦闘機であった。この状況の打開策としてスウェーデン空軍は、アメリカからセバースキーP35およびヴァルティー「ヴァンガード」(前出)両戦闘機の購入を決めた。しかし輸入直前になりアメリカがイギリス以外の国への武器輸出禁止法(レンドリーズ法)を決めたために、戦闘機の入手の道が閉ざされ、かろうじてイタリアからすでに第一線級戦闘機とは言い難い、フィアットCR42複葉戦闘機と少数のレッジアーネRe2000単葉戦闘機を購入することになった。

スウェーデン政府はこの状況では自国防衛はまったくの不十分とし、その打開策として新

301　⑪単座戦闘機　FFVS J22　　スウェーデン

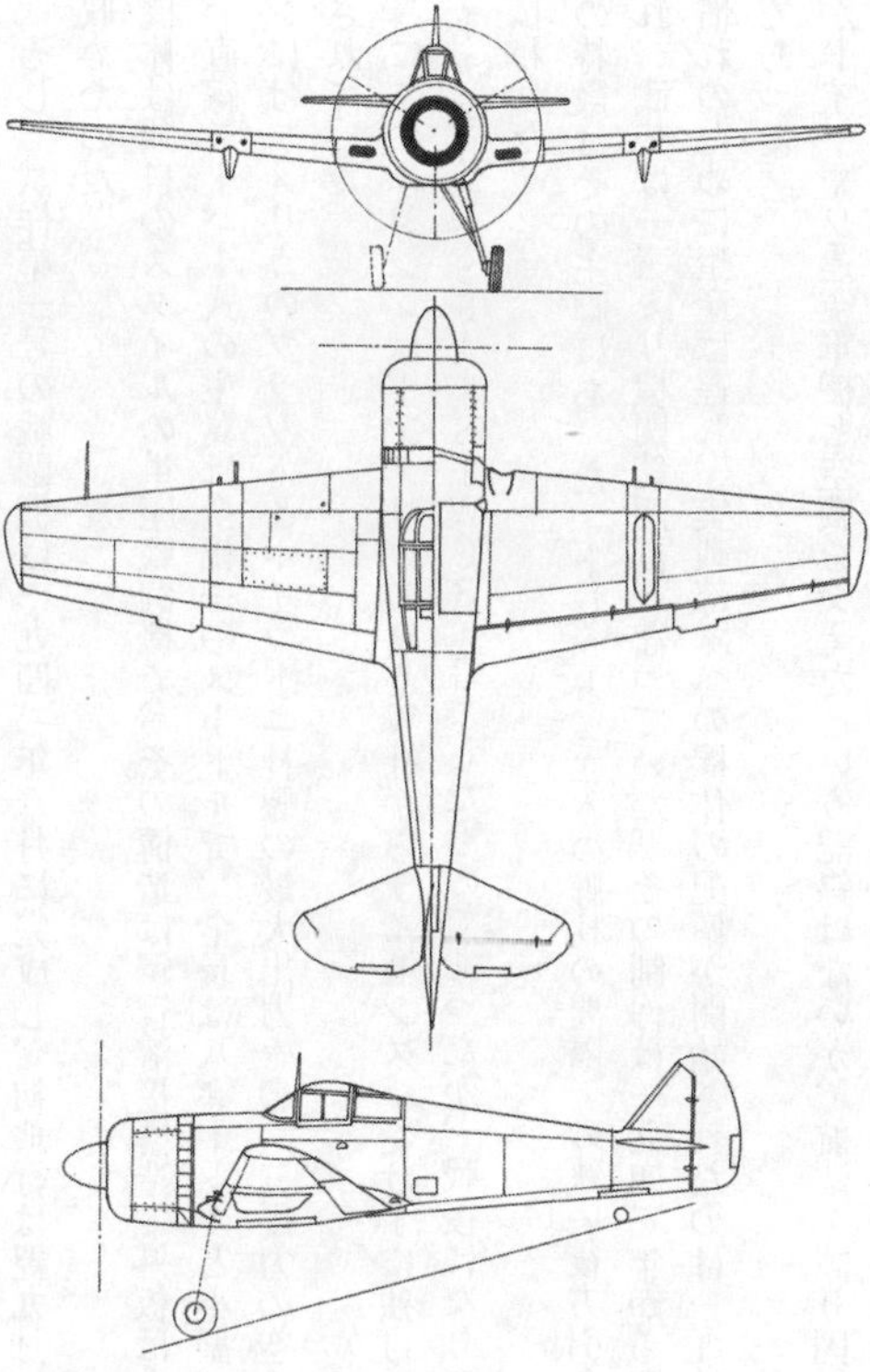

単座戦闘機　FFVS J22

しく国営の航空機開発・製造会社ＦＦＶＳ（航空庁工場）を設立することにしたのであった。新しい戦闘機の開発は一九四〇年から開始され、試作機の製作は一九四一年十月より開始された。そして試作第一号の戦闘機は一九四二年八月に完成し、初飛行は翌九月に行なわれ成功を収めたのだ。

試作機体は独自のスタイルの単座戦闘機で、その構造は鋼管溶接構造で外板は合板張りであった。直線テーパー式の主翼は全幅一〇メートルで、全長は八メートルと小型であった。エンジンにはアメリカのプラット＆ホイットニ社製の最大出力一〇六五馬力の空冷エンジンが採用されていた。

ちなみにこのエンジンは、アメリカのＰ＆Ｗ社からライセンスを受けずに独自に国内生産（スウェーデン呼称：ＳＦＡ―ＳＴＷＣ３―Ｇ）したものであったが、戦後になりライセンス料は支払われた。

本機の特徴はその主脚にあった。トレッド（二本の脚柱の間隔）の狭い後方引き込み式が採用され、武装は一三ミリ機関銃四梃となっていた。その制作は一九四三年から開始されたが、不慣れのために生産は遅れ、実戦部隊への機体の配備が開始されたのは一九四三年十一月からであった。

本機がドイツやソ連空軍機と空戦を交えたという記録はないが、航法を誤り国境を越えて進入してきた独ソの軍用機を自国基地に強制着陸させることがあり、実際に少なからぬ機体がスウェーデン国内に強制着陸させられているが、その多くは本機の活躍の結果であったとされている。

Ｊ22の存在は連合国や枢軸国でもほとんど知られておらず、戦場に現われなかった戦闘機というよりも「知られざる戦闘機」という存在だったのである。

本機の生産は戦後の一九四六年まで続けられ、一九五二年までスウェーデン空軍の現役戦闘機として在籍していた。その総生産数は一九八機であった。

本機の主要要目は次のとおりである。

全幅	一〇・〇メートル
全長	七・八メートル
自重	二〇二〇キロ
エンジン	ＳＦＡ－ＳＴＷＣ３－Ｇ（空冷星型複列一四気筒）
最大出力	一〇六五馬力
最高時速	五七五キロ
上昇限度	九三〇〇メートル
航続距離	一二七〇キロ
武装	一三・二ミリ機関銃四梃

⑫試作単座戦闘機「ピヨレミルスキ」フィンランド

北欧のフィンランドは小国ではあるが強固な独立心を持つ国民の下、第二次世界大戦中には強大国ソ連と二度の戦闘を交えている。その後ドイツの勢力下に入った後の一九四五年には、友好国ドイツとの戦闘を強いられるという苦難を味わった。

ソ連との戦いではフィンランド空軍はオランダ、フランス、イタリア、アメリカなどから輸入した第二線級の戦闘機を駆使しソ連空軍を撃退している。またナチス・ドイツとの友好関係の構築の中で、フィンランド空軍はドイツのメッサーシュミットMe109戦闘機を駆使してソ連空軍と戦った。

この間にフィンランド空軍も独自の戦闘機の開発を始め、一九四四年には空冷エンジンを装備した、時速わずか五三〇キロの「ミルスキ2」戦闘機を完成させ量産に移し、一部は実戦部隊に配備された。しかしこの程度の能力の戦闘機が当時の世界の航空戦力と対峙することは不可能に近く、フィンランド空軍はより進化した戦闘機の開発に取り掛からねばならな

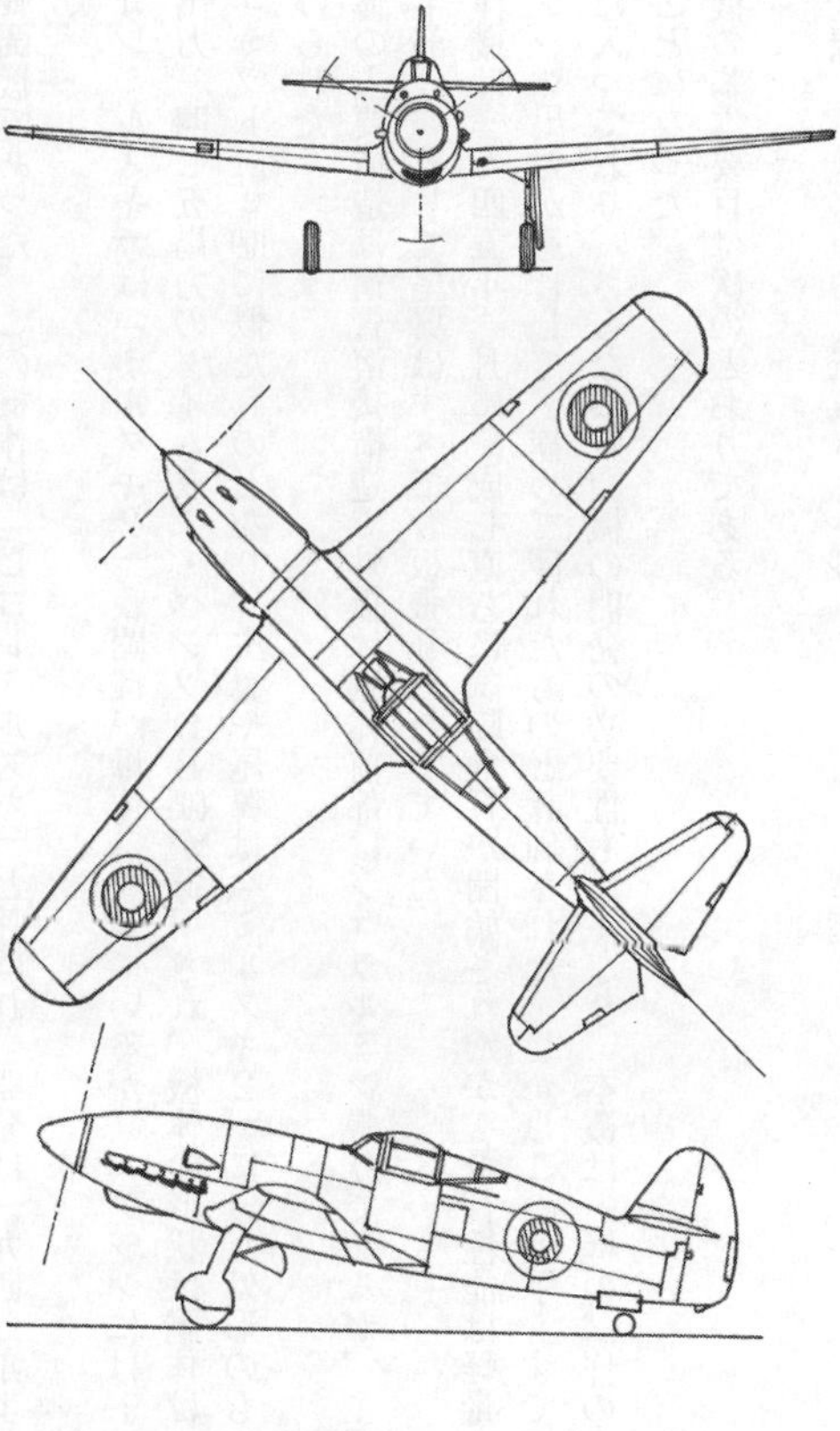

試作単座戦闘機 「ピヨレミルスキ」

かったのであった。

新しい戦闘機は「ミルスキ2改」とでも称すべき戦闘機であったが、内容ははるかに進化した戦闘機であった。この機体は「ピヨレミルスキ」と呼ばれ、開発は一九四三年より開始された。

「ピヨレミルスキ」は「ミルスキ2」戦闘機が母体になっているが、エンジンにはドイツの最大出力一四七五馬力のダイムラー・ベンツDB605が採用され、機体の形状は胴体はメッサーシュミットMe109に似たものとなり、主翼や尾翼は「ミルスキ2」に似た外形のものが取り付けられた。

機体の主要構造は鋼管溶接構造で外板は胴体前部はジュラルミン張りであるが、主翼や胴体後半部分、そして尾翼はすべて合板張りとなっていた。

試作機は一九四五年一月に完成し直ちに試験飛行が開始されたが、飛行性能は軽量の機体とエンジン出力が適合して、極めて優れたものと評価された。しかしこの戦争もすでに最終段階に入っており、さらなる戦闘機の開発の必要性もなくなり、本機は一機の試作のみで終わることになった。

本機の基本要目は次のとおりである。

全幅　一〇・三五メートル
全長　九・一五メートル

自重　二六〇九キロ
エンジン　ダイムラー・ベンツDB605AC（液冷倒立V一二気筒）
最大出力　一四七五馬力
最高時速　六五〇キロ
上昇限度　一万一四三〇メートル
航続距離　九〇〇キロ
武装　二〇ミリ機関砲一門、一二・七ミリ機関銃二梃
爆弾四〇〇キロ

⑬単座戦闘機　イカルスＩＫ－３　ユーゴスラビア

本機はユーゴスラビアのイカルス社が開発した戦闘機で、初期生産型が少数生産された時点でドイツ軍の国内への侵攻が始まり、実戦部隊に配備が始まったわずかの機体が迎撃戦を行なったとされているが、詳細は不明である。

イカルス社はバルカン半島の旧セルビア国の企業で、バスやトラックの生産と同時に、独自開発の航空機の生産も行なうという会社である。第二次世界大戦後も自社設計の極めて意欲的なジェットエンジン推進の小型地上攻撃機を開発したが、現在は本業ともいえるバスやトラックの生産に専念している。

同社は第二次大戦勃発時にはイギリスのホーカー「ハリケーン」戦闘機をライセンス生産していた。しかし同時に「ハリケーン」戦闘機を改良した独自開発の戦闘機の生産計画が進行中であった。この機体はホーカー「ハリケーン」戦闘機に酷似したスタイルをしているが、その構造や生産方式には同社独自開発の技術が採用されていた。本機はイカルスＩＫ－３と

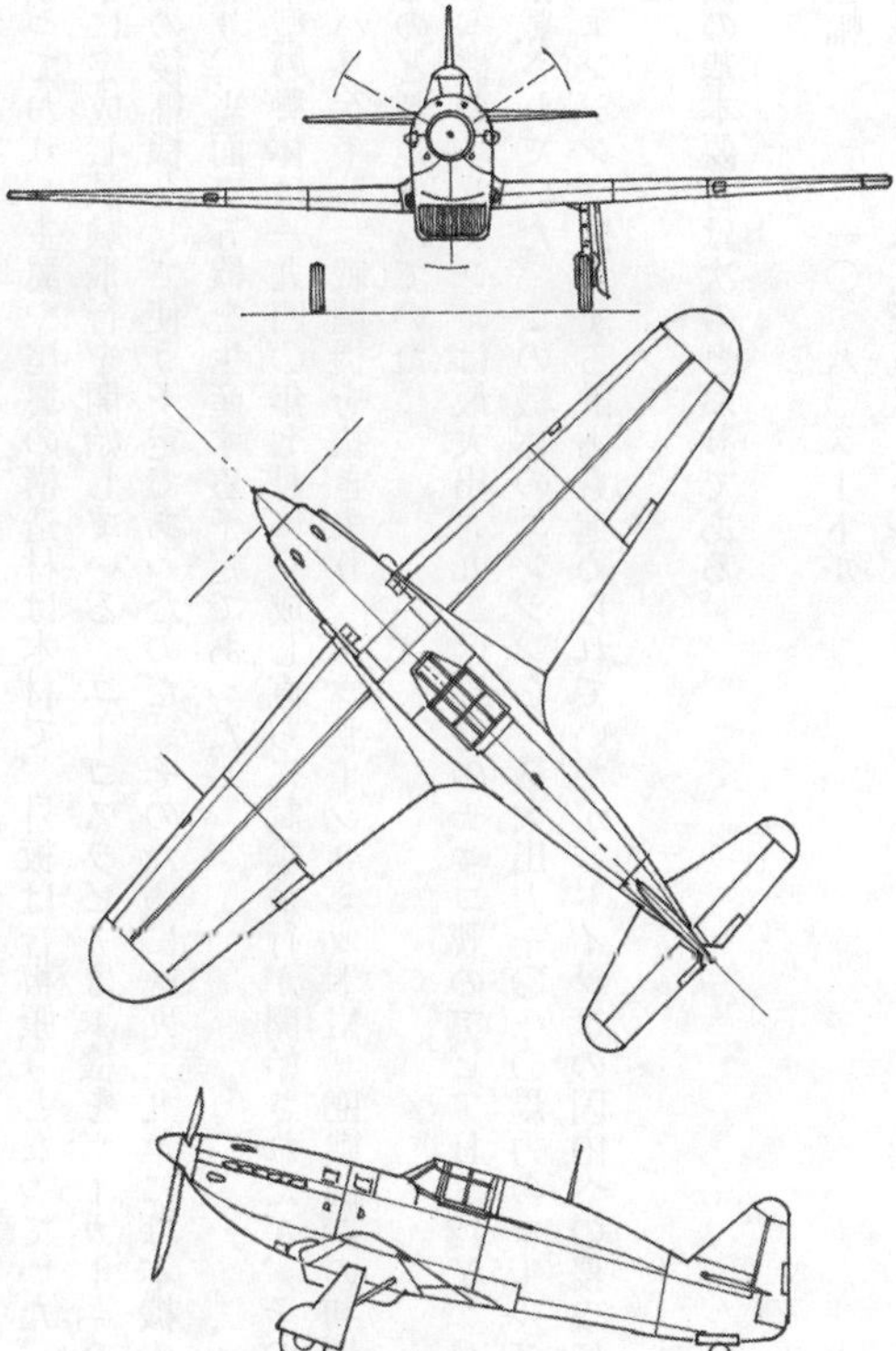

単座戦闘機　イカルスIK−3

呼称された。

ＩＫ－３の構造は「ハリケーン」とは大幅に異なり、胴体は鋼管溶接構造で外板は合板張りとなっており、主翼や尾翼の構造材は木材で、外板は合板張りとなっていた。本機は一九三八年に完成し試験飛行を開始している。ユーゴスラビアは本機をホーカー「ハリケーン」戦闘機の後継機として使う予定であったのだ。そのために一九三九年には本機の生産を開始しており、当面二五機を生産する予定であった。

量産型の機体は一九四〇年七月に完成し直ちに試験飛行が開始されたが、その性能はホーカー「ハリケーン」戦闘機を抜き去り、メッサーシュミットＭｅ109戦闘機の初期型のＥ型に勝るものと判定されていた。

なお本機のエンジンには最大出力九二〇馬力のチェコ製のアビアＨＳ12Ｙ・Ｃｒｓエンジンが搭載されていた。この機体のエンジンを、最大出力一〇三〇馬力のロールスロイス・マーリンエンジンに換装する計画も進められていたが、ドイツ軍の国内への侵攻により中止となった。

本機の基本要目は次のとおりである。

全幅　一〇・八〇メートル
全長　八・三五メートル
自重　一八六八キロ

311　⑬単座戦闘機　イカルスIK－3　　ユーゴスラビア

エンジン　アビアHS12Y・Crs（液冷V一二気筒）
最大出力　九二〇馬力
最高時速　五二六キロ
上昇限度　八〇〇〇メートル
航続距離　八七〇キロ
武装　三〇ミリ機関砲一門、七・九二ミリ機関銃二梃

⑭試作単座戦闘機 コモンウエルスCA15「カングロ」 オーストラリア

コモンウエルス社はオーストラリアで唯一の航空機製造会社である。同社は第二次世界大戦の勃発後に独自に「ブーメラン」という小型戦闘・攻撃機を開発し量産を行なった。そして一九四三年後半より、本機で編成されたオーストラリア空軍戦闘機隊は、ニューギニア北部海岸侵攻作戦や蘭印方面への島嶼侵攻作戦で、主に地上攻撃機として本機を運用した。しかし本機は日本機との交戦の機会は一度もなく、戦闘機でありながら一機の損害もなければ一機の撃墜記録もない、という珍記録を作った戦闘機として知られることになった。

コモンウエルス社は「ブーメラン」戦闘機に続き、より高性能な戦闘機の開発を進めていた。当初はアメリカ製の二〇〇〇馬力級空冷エンジンを搭載する戦闘機として設計が開始されていたが、このエンジンの供給に余裕がなく、急遽イギリスで実用段階に入っていた最大出力二〇五〇馬力のロールスロイス・グリフォン61エンジンを搭載することに設計が変更されたのであった。

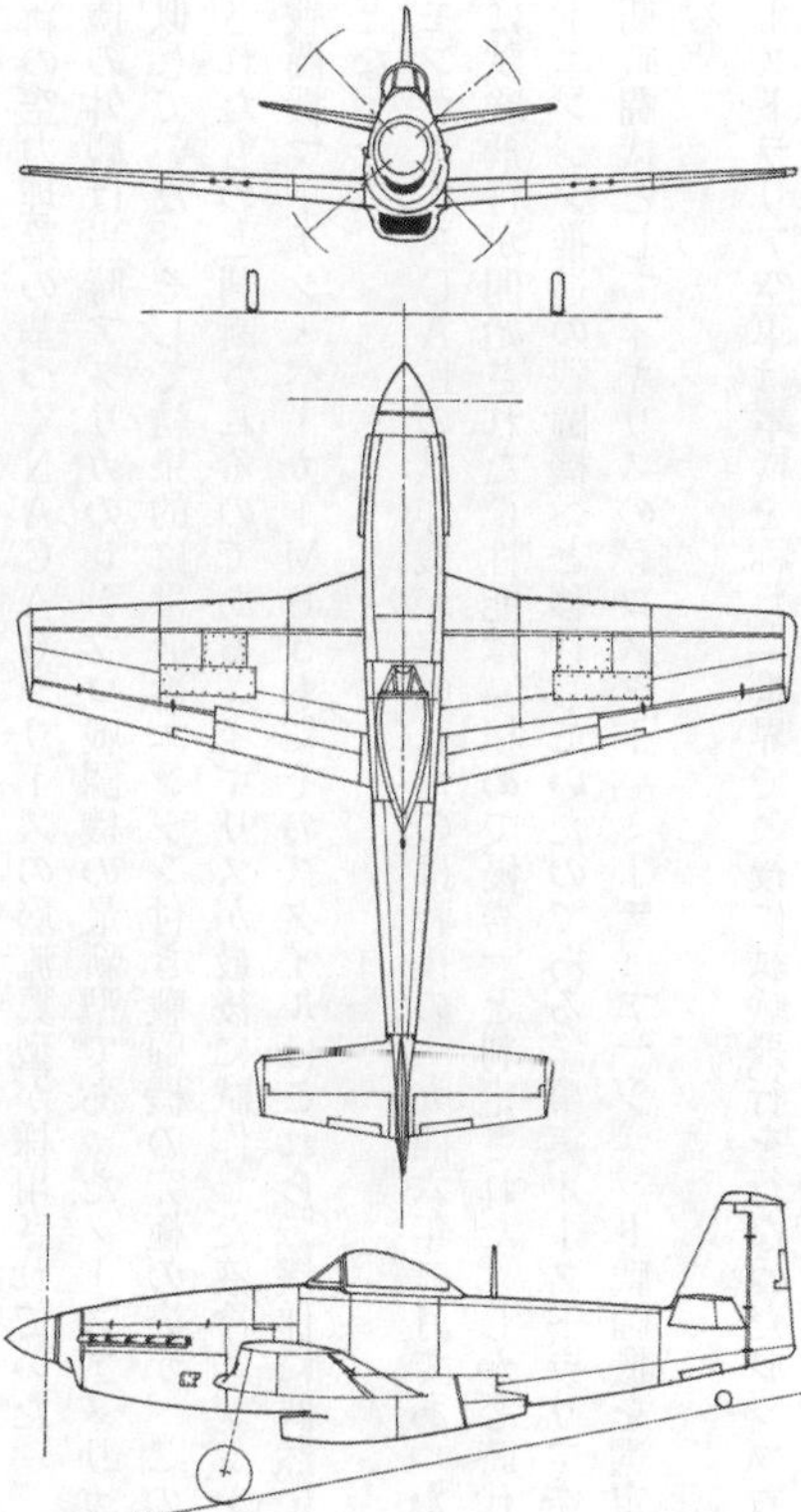

試作単座戦闘機　コモンウエルスCA15「カングロ」

この設計変更は新型機の開発を大幅に遅らせることになり、試作機の設計が完了したのは一九四五年二月であった。機体の呼称は「コモンウエルスCA15」とされた。

本機は極めて斬新な設計の機体で、全金属製モノコック構造で仕上げられ、主翼断面構造は最新の空力理論の基づくNACA6シリーズの層流翼型が採用されていた。

本機の外観は当時アメリカのレシプロ戦闘機の最新型であったノースアメリカンP51H型に酷似していた。そして結果的には液冷エンジン付き戦闘機の究極の姿が、このデザインに集約されたものと判断されるのである(イギリスが最後に試作した液冷エンジン付きの最高峰の戦闘機マーチン・ベーカーMB5も、そのスタイルはこれら二機種に偶然にも酷似するものとなった)。

コモンウエルスCA15の試作機が完成したのは戦後の一九四六年二月であった。そして翌三月に試験飛行が開始された。性能は「極めて優秀」と判定された。しかし時代は確実にジェットエンジン推進の戦闘機へと移行していたのである。事実オーストラリア空軍もこの頃は次期戦闘機としてイギリスのグロスター「ミーティア」ジェット戦闘機を選定していたのである。

オーストラリア空軍は本機を称し「世界で最後に試験飛行を行なったレシプロ戦闘機。極めつけの性能を持ったレシプロ戦闘機であったが遅すぎた」と評価したのだ。

本機は高度八五〇〇メートルで時速七二一キロを記録し、六〇〇〇メートルまでの上昇時間は五分三〇秒という、レシプロ戦闘機としては驚異的な上昇力を示したのである。また航続距離などは増加タンクを搭載し、単発戦闘機としては驚異的な四九〇〇キロを記録したのであった。

本機の基本要目は次のとおりである。

全幅　一〇・九七メートル
全長　一一・〇四メートル
自重　三四二七キロ
エンジン　ロールスロイス・グリフォン61（液冷V一二気筒）
最大出力　二〇五〇馬力
最高時速　七二一キロ
上昇限度　一万一八〇〇メートル
航続距離　一八五〇キロ（正規）
武装　一二・七ミリ機関銃六梃
爆弾等九〇〇キロ

⑮試作戦闘機　SFF D3803　スイス

本機はスイスが開発した単座戦闘機である。スイスは長きにわたり永世中立国の立場を貫いた。第二次世界大戦中もスウェーデン、スペインとともに中立の立場であった。

スイスは自国の防衛のために古くより陸軍部隊を保有していたが、一九一八年に空軍を設立した。第二次大戦を前にスイス空軍は戦闘機としてドイツから初期型のメッサーシュミットMe109とフランスから旧式のモラーヌ・ソルニエMS406を少数購入し、実戦配備に付けた。これら戦闘機は自国防衛のために、領空に故意または誤って侵入してくる軍用機を自国領内の基地に強制着陸させることが任務なのである。

スイスはフランスからモラーヌ・ソルニエMS406戦闘機を購入した後、本機を自国に設立した国営工場（SFF）でライセンス生産した。その後も本機の性能を向上させたD3801やD3802を同工場で試作したが、一九四三年に至り、より高性能な独自設計開発のD3803の試作を開始したのである。

317　⑮試作戦闘機　SFF D3803　　スイス

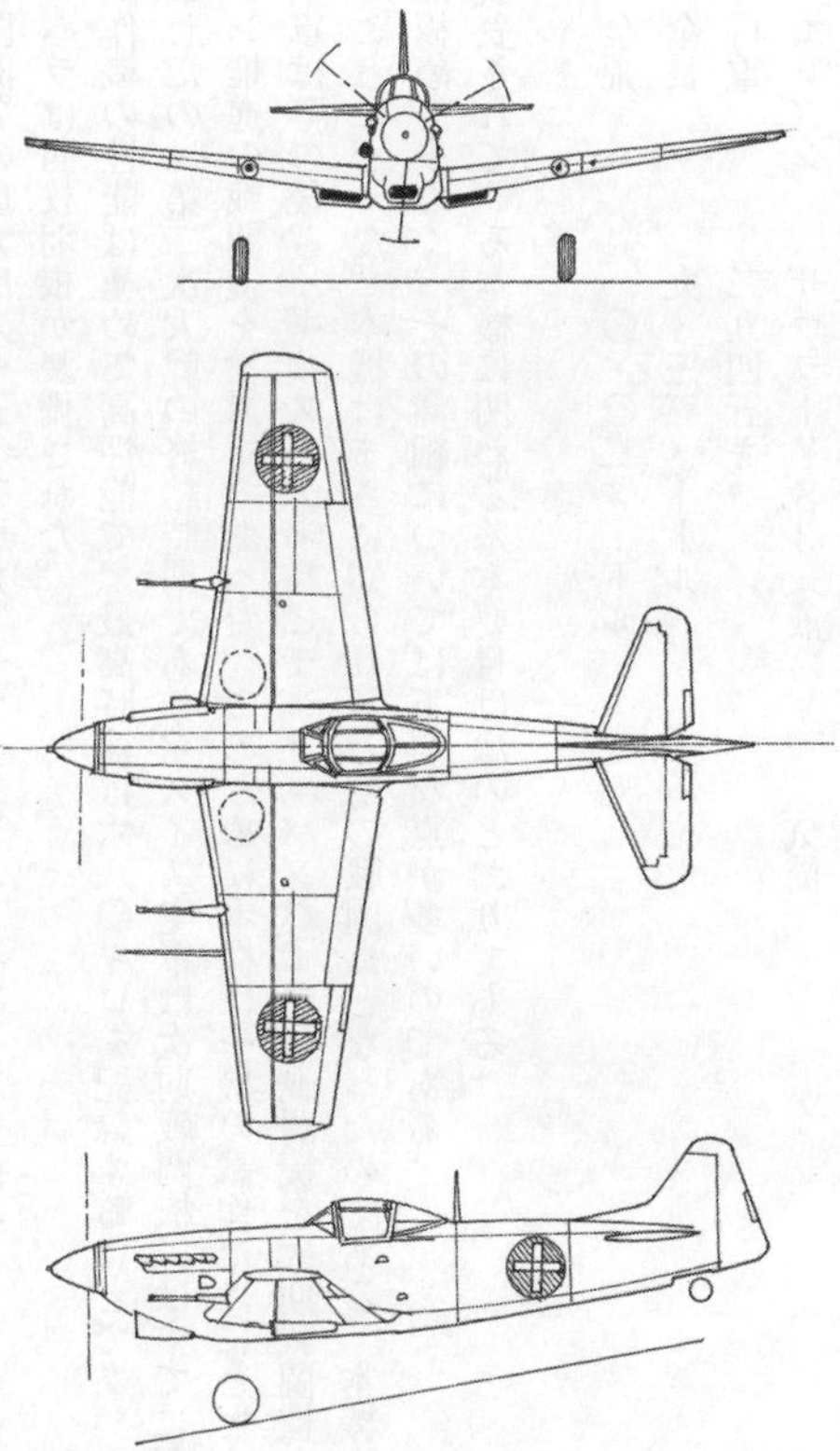

試作戦闘機　SFF D3803

本機にはすでに旧式化したモラーヌ・ソルニエMS406の面影はなく、まったくの最新型単座戦闘機としての外観となっていた。機体の構造は軽合金の骨組みとなっており、エンジンは自国開発の最大出力一五〇〇馬力、ザウラーYS3液冷一二気筒エンジンが搭載された。プロペラは四枚羽根が装備された。

試作機の性能は極めて高性能で、最高時速は六八〇キロを記録するほどであった。しかし完成したのは第二次大戦の終結時期であり、スイス空軍は次期戦闘機にはすでにジェットエンジン推進の戦闘機を検討中であった。このために本機は一機の試作だけにとどまり、スイス空軍はその後、イギリスのデ・ハビランド「バンパイア」戦闘機を次期戦闘機として採用することになった。本機はまさに知られざる幻の戦闘機となったのである。本機に関わる資料は極めて少なく、その詳細については不明な点が多いのである。

公表されている本機に関わる基本要目は次のとおりである。

全幅　一〇・〇二メートル
全長　九・三三メートル
自重　二九四五キロ
エンジン　ザウラーYS3（液冷V一二気筒）
最大出力　一五〇〇馬力
最高時速　六八〇キロ

上昇限度　一万二〇〇〇メートル
航続距離　不明
武装　二〇ミリ機関砲三門

あとがき

本書で採り上げたアメリカのヴァルティーXP54、カーチスXP55、ノースロップXP56の三部作とも言い換えることができる「異形試作戦闘機」には、設計者の高性能戦闘機開発への限りない情熱が感じられるのである。

アメリカの試作戦闘機の多くに共通していたのは、強馬力エンジンを搭載し強引に機体を引っ張り、高性能を引き出そうとする熱意である。これはアメリカの乗用車と共通するものが感じられる。大型の車体に強馬力エンジンを搭載する手法はアメリカの乗用車特有の手法である。しかしその中にあってピエロのような存在として現われたベルXP77小型戦闘機は、軽量で敏捷な高性能日本戦闘機を意識した設計の機体であったが、後の小型乗用車の開発に未熟なアメリカが経験したのと同じ轍を踏むことになり、不要な戦闘機として切り捨てられたことに大変に興味が注がれるのである。

アメリカの試作戦闘機には幾つかの実用化が期待できた機体が存在したことは確かである。

リパブリックXP72戦闘機などはその最先鋒にあり、レシプロ戦闘機の時代が数年続くようであれば、次期戦闘機として量産が行なわれたのは間違いないのであろう。また中には実用化されたら面白い、と思われる戦闘機も登場している。ベルXFLなどはその最たるものかもしれない。

ベルXFLがアメリカ海軍から忌避された最大の理由としては、液冷エンジン艦上機へのアレルギーが存在していたことだ。確かに伝統的にアメリカ海軍の艦上機には液冷エンジンの機体は存在しない。何が原因で忌避されたのか興味が注がれるものである。これに対しイギリス海軍の艦上機には多くの液冷エンジン機が存在したことと考え合わせると、じつに面白い対比となるのである。

本来であれば列強空軍国として君臨したであろうフランスは、第二次世界大戦勃発後一年も経たない間にドイツの軍門に下ってしまった。フランスは戦争の勃発を前に空軍力の整備に努力を行なったが、とても間に合うものではなかった。それだけにフランスには実用機にも試作にも、他の連合国空軍に比較して目立った存在の機体が存在しなかった。しかしフランスはわずかな時間の間に最大の努力はしたのだ。ドボアチンD551戦闘機などは実戦に投入されれば、かなりの結果を残した機体であったのではないかと想像されるのだ。一方ではエスプリの利いたSNCASE100のような、摩訶不思議な戦闘機を開発するところがいかにもフランスらしいのである。

ドイツ空軍の開発戦闘機では、そこに将来を見据えた姿勢が見て取れるのだ。ドイツ空軍は近い将来の軍用機のエンジンはジェットエンジンであり、それにともなった構想の戦闘機については早くも設計作業に入っていたのである。それだけにレシプロエンジン戦闘機にはレシプロエンジン機の限界を模索するような機体が現われているのである。ドルニエＤ335などはその最たるものであろう。そしてタンクＴａ152クラスの戦闘機は、あるいはドイツ空軍はこの機体をレシプロ戦闘機の最後の機体として開発したのではなかろうか。

日本の次期戦闘機の開発は、まさにエンジン開発と航空用排気タービンの開発の苦しみと共にあったといっても過言ではなさそうである。キ94高々度戦闘機のように実用化された場合には相当の活躍が期待できたと思われる機体もあるが、これとて「エンジンが完全であれば」という伏線が付くのである。またキ116のように開発構想が今少し早くスタートしていれば、確実に実戦投入が可能であり、たしかな活躍が期待できたものと想像されるものもある。

最後に登場するスイスのＳＦＦ・Ｄ３８０３は恐らく本書が最初に取り上げる機体ではなかろうか。世界の軍用機の歴史に完全に埋没された、優秀さが期待できた戦闘機で、戦争の終結とともにまさに消え去った戦闘機である。本機については詳細な資料が存在しないのである。こうした幻の戦闘機の姿を楽しんでいただけたのであれば幸いであります。

NF文庫書き下ろし作品

NF文庫

戦場に現われなかった戦闘機

二〇一八年四月二十四日　第一刷発行
著　者　大内建二
発行者　皆川豪志
発行所　株式会社　潮書房光人新社
〒100-8077　東京都千代田区大手町一-七-二
電話／〇三-六二八一-九八九一代
印刷・製本　凸版印刷株式会社
定価はカバーに表示してあります
乱丁・落丁のものはお取りかえ致します。本文は中性紙を使用
ISBN978-4-7698-3061-0　C0195
http://www.kojinsha.co.jp

NF文庫

刊行のことば

第二次世界大戦の戦火が熄《や》んで五〇年――その間、小社は夥しい数の戦争の記録を渉猟し、発掘し、常に公正なる立場を貫いて書誌とし、大方の絶讃を博して今日に及ぶが、その源は、散華された世代への熱き思い入れであり、同時に、その記録を誌して平和の礎とし、後世に伝えんとするにある。

小社の出版物は、戦記、伝記、文学、エッセイ、写真集、その他、すでに一、〇〇〇点を越え、加えて戦後五〇年になんなんとするを契機として、「光人社NF（ノンフィクション）文庫」を創刊して、読者諸賢の熱烈要望におこたえする次第である。人生のバイブルとして、心弱きときの活性の糧《かて》として、散華の世代からの感動の肉声に、あなたもぜひ、耳を傾けて下さい。